高校 やさしく
わかりやすい
生物基礎

安田明雄 著

文英堂

この本の特色と使い方

　この本は，生物基礎の内容を基礎の基礎からやさしくわかりやすく解説しています。重要語句を中心に，生物基礎の知識が身につくようなつくりにしました。

　ひとつの単元を2ページにまとめていますので，勉強したいところから始められます。また，問題では取り組みやすいものを扱っていますので，無理なく進めることができます。

❶ 丁寧な解説とわかりやすくまとめた重要ワード，ポイントでしっかり理解できます。

❷ 右ページには図でわかりやすく解説した図解まとめを載せています。

❸ 図解まとめおよび例題には空欄が設けてあります。ここで，重要事項の簡単なチェックができます。答えは左ページの下にあります。

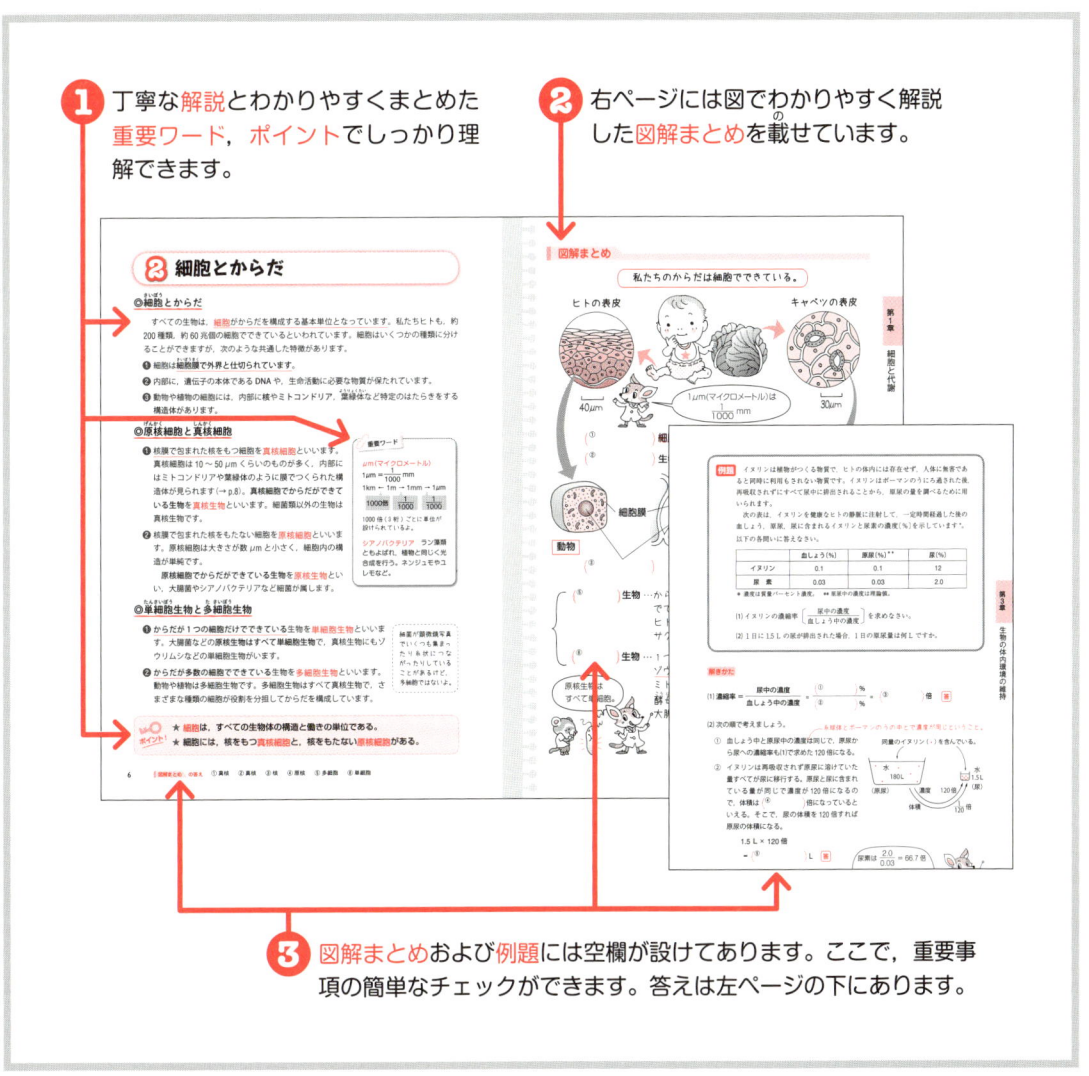

　内容の関連する2～5単元ごとに確認テストをつけました。基本的な問題を載せていますので，学習した内容が身についているかどうか，確認しましょう。

もくじ

第1章　細胞と代謝

1	生物の共通性と多様性	4
2	細胞とからだ	6
3	動物細胞・植物細胞のつくり	8
	● 確認テスト1	10
4	顕微鏡の使い方① 基本的な扱い	12
5	顕微鏡の使い方② ミクロメーターの使い方	14
	● 確認テスト2	16
6	代謝とエネルギー	18
7	酵素	20
	● 確認テスト3	22
8	光合成	24
9	呼吸	26
10	ミトコンドリアと葉緑体の起源	28
	● 確認テスト4	30

第2章　DNAの働き

11	遺伝情報とDNA	32
12	DNAの構造	34
	● 確認テスト5	36
13	遺伝情報とタンパク質	38
14	タンパク質の合成	40
	● 確認テスト6	42
15	DNAの複製と遺伝情報の分配	44
16	分化した細胞の遺伝情報	46
17	ゲノムと遺伝情報	48
	● 確認テスト7	50

第3章　生物の体内環境の維持

18	体内環境と恒常性	52
19	体液とその成分	54
20	心臓と血管	56
	● 確認テスト8	58
21	血液の循環	60
22	酸素の運搬	62
23	酸素解離曲線について	64
24	血液凝固	66
	● 確認テスト9	68
25	肝臓の働き	70
26	腎臓の働き	72
27	尿の生成と成分	74
	● 確認テスト10	76
28	自律神経系による調節	78
29	ホルモンとその働き	80
30	ホルモンによる調節	82
	● 確認テスト11	84

31	血糖濃度の変化とホルモン	86
32	血糖濃度の調節	88
	● 確認テスト 12	90
33	免疫とは	92
34	自然免疫	94
	● 確認テスト 13	96

35	獲得免疫① 細胞性免疫	98
36	獲得免疫② 体液性免疫	100
37	免疫機能の異常と病気	102
38	免疫と医療	104
	● 確認テスト 14	106

第4章 生物の多様性と生態系

39	植 生	108
40	光の強さと光合成 （光‐光合成曲線）	110
41	陽生植物・陰生植物	112
42	遷移のしくみ①	114
43	遷移のしくみ②	116
	● 確認テスト 15	118
44	気候とバイオーム	120
45	日本のバイオーム	122
	● 確認テスト 16	124
46	生態系	126
47	食物連鎖と食物網	128
	● 確認テスト 17	130
48	炭素の循環	132
49	窒素の循環	134
50	エネルギーの流れ	136
	● 確認テスト 18	138

51	生態系のバランス	140
52	人間の活動による生態系への影響①	142
53	人間の活動による生態系への影響②	144
54	人間の活動による生態系への影響③	146
	● 確認テスト 19	148
55	生物多様性の保全①	150
56	生物多様性の保全②	152
	● 確認テスト 20	154

さくいん	156

1 生物の共通性と多様性

◎生物の共通性と多様性

　地球上には，現在わかっているだけでも180万種以上もの生物がいます。生物がこれほどにも多様であるのは，それぞれの生物が生息する環境に応じて<u>進化</u>してきたからです。

　その一方で，どの生物にも共通して見られる特徴があります。共通した特徴が見られるのは，<u>すべての生物は共通の祖先を起源にもつ</u>からです。

> **重要ワード**
> **種** 生物の分類の基本単位。同種の個体どうしは交配を行い子をつくることができる。
> **進化** 生物の特徴が親から子へ何代も世代を重ねていく間に変化していくこと。

◎生物の共通性

　地球上のすべての生物は，次にあげる特徴を共通してもっています。

❶ **生物のからだは，<u>細胞</u>からできています。**
　細胞は膜（細胞膜）に囲まれ，細胞の内部と外部とが隔てられています。

❷ **自分自身と同じ構造をもつ子をつくります。**
　このとき，すべての生物は<u>DNA</u>という物質で遺伝情報を伝えます（→ p.32）。

❸ **生命活動を行うにあたって体内で<u>物質の合成や分解を行います</u>**（これを<u>代謝</u>といいます）。
　このときエネルギーのやりとりに<u>ATP</u>という物質を使います（→ p.18）。

❹ <u>体外からの刺激に対して反応し，体内の状態を一定に保ちます。</u>

◎進化と生物の多様性

　生物は，長い時間を経てさまざまな環境で生活してきたことにより，形態や生活のしかたが変化して，共通の祖先から多様に分かれていったと考えられます。この**進化の道筋**のことを<u>系統</u>といいます。生物の系統を図に表すと右のように樹木のような枝分かれをした形になり，これを**系統樹**といいます。

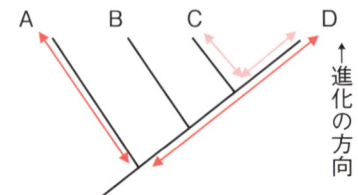

【系統樹の見かた】4種の生物A〜Dの系統が上のように描かれるとき，系統的に最も近い生物はCとDで，共通の祖先から他の生物と最初に（一番古い時代に）分かれた生物はA。

★ すべての生物は共通の祖先から<u>進化</u>したため，<u>共通</u>の特徴をもつ。
★ さまざまな環境に適応して<u>進化</u>した結果，生物には<u>多様性</u>が見られる。

図解まとめ の答え ①進化 ②祖先 ③細胞 ④DNA ⑤ATP

図解まとめ

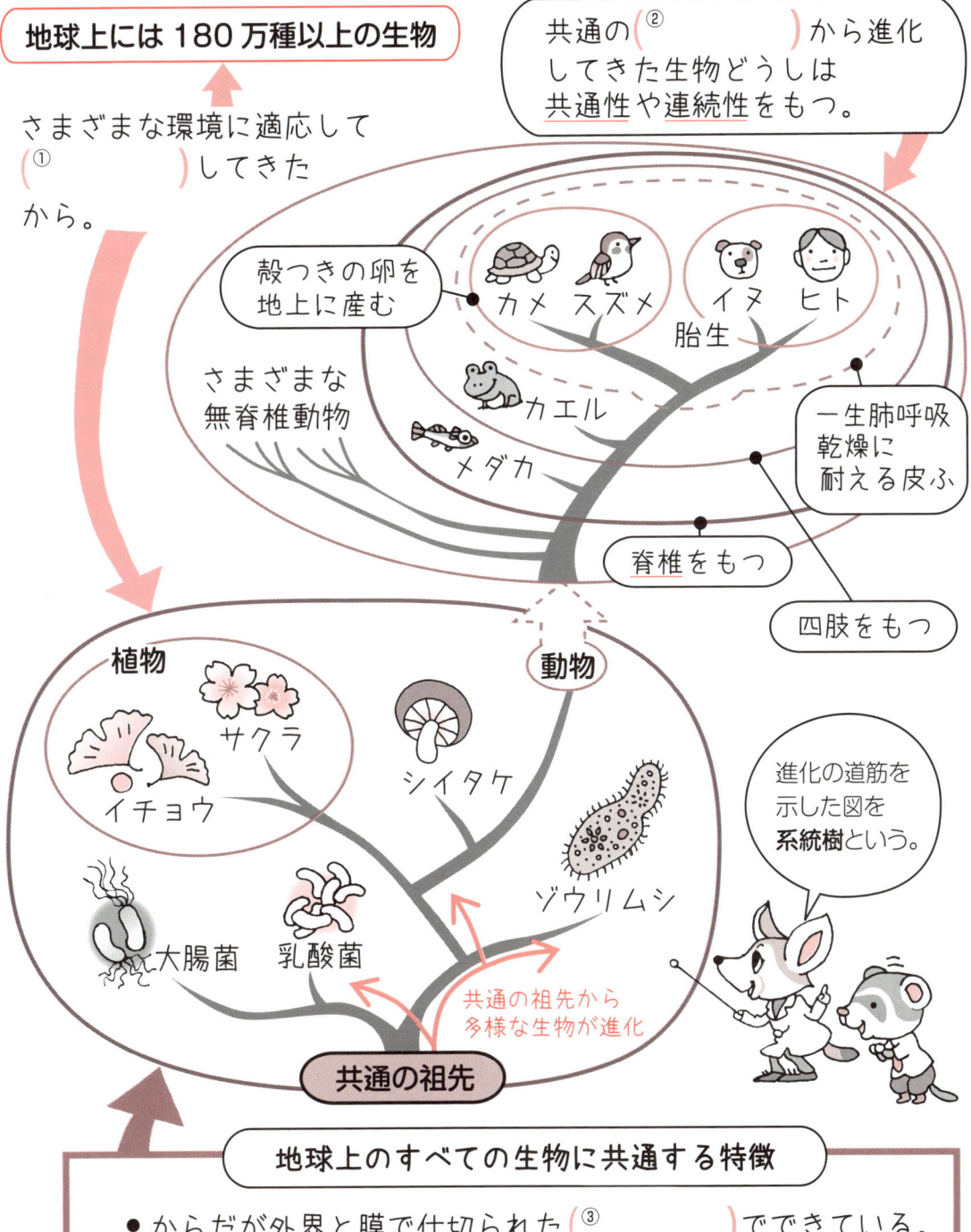

地球上には180万種以上の生物

さまざまな環境に適応して（①　　　）してきたから。

共通の（②　　　）から進化してきた生物どうしは<u>共通性</u>や<u>連続性</u>をもつ。

- 殻つきの卵を地上に産む … カメ、スズメ
- 胎生 … イヌ、ヒト
- カエル
- メダカ
- さまざまな無脊椎動物
- 一生肺呼吸 乾燥に耐える皮ふ
- 脊椎をもつ
- 四肢をもつ

植物：イチョウ、サクラ
シイタケ
ゾウリムシ
大腸菌、乳酸菌

動物

共通の祖先から多様な生物が進化

進化の道筋を示した図を**系統樹**という。

共通の祖先

地球上のすべての生物に共通する特徴

- からだが外界と<u>膜で仕切られた</u>（③　　　）でできている。
- 遺伝情報の本体として（④　　　）をもち子孫を残す。
- <u>体内で化学変化</u>（**代謝**）を行う。
  このとき（⑤　　　）でエネルギーをやりとりする。
- 外部の変化に対応して<u>体内の状態を一定に保つ</u>。

第1章　細胞と代謝

5

2 細胞とからだ

◎細胞とからだ

すべての生物は，細胞がからだを構成する基本単位となっています。私たちヒトも，約200種類，約60兆個の細胞でできているといわれています。細胞はいくつかの種類に分けることができますが，次のような共通した特徴があります。

❶ 細胞は細胞膜で外界と仕切られています。

❷ 内部に，遺伝子の本体であるDNAや，生命活動に必要な物質が保たれています。

❸ 動物や植物の細胞には，内部に核やミトコンドリア，葉緑体など特定のはたらきをする構造体があります。

◎原核細胞と真核細胞

❶ 核膜で包まれた核をもつ細胞を真核細胞といいます。真核細胞は10～50 μmくらいのものが多く，内部にはミトコンドリアや葉緑体のように膜でつくられた構造体が見られます（→ p.8）。真核細胞でからだができている生物を真核生物といいます。細菌類以外の生物は真核生物です。

❷ 核膜で包まれた核をもたない細胞を原核細胞といいます。原核細胞は大きさが数μmと小さく，細胞内の構造が単純です。
　原核細胞でからだができている生物を原核生物といい，大腸菌やシアノバクテリアなど細菌が属します。

> **重要ワード**
>
> **μm（マイクロメートル）**
> $1\mu m = \dfrac{1}{1000}$ mm
> 1km ← 1m → 1mm → 1μm
> 　1000倍　$\dfrac{1}{1000}$　$\dfrac{1}{1000}$
>
> 1000倍（3桁）ごとに単位が設けられているよ。
>
> **シアノバクテリア** ラン藻類ともよばれ，植物と同じく光合成を行う。ネンジュモやユレモなど。

◎単細胞生物と多細胞生物

❶ からだが1つの細胞だけでできている生物を単細胞生物といいます。大腸菌などの原核生物はすべて単細胞生物で，真核生物にもゾウリムシなどの単細胞生物がいます。

❷ からだが多数の細胞でできている生物を多細胞生物といいます。動物や植物は多細胞生物です。多細胞生物はすべて真核生物で，さまざまな種類の細胞が役割を分担してからだを構成しています。

> 細菌が顕微鏡写真でいくつも集まったり糸状につながったりしていることがあるけど，多細胞ではないよ。

ポイント！
★ 細胞は，すべての生物体の構造と働きの単位である。
★ 細胞には，核をもつ真核細胞と，核をもたない原核細胞がある。

図解まとめ の答え　①真核　②真核　③核　④原核　⑤多細胞　⑥単細胞

図解まとめ

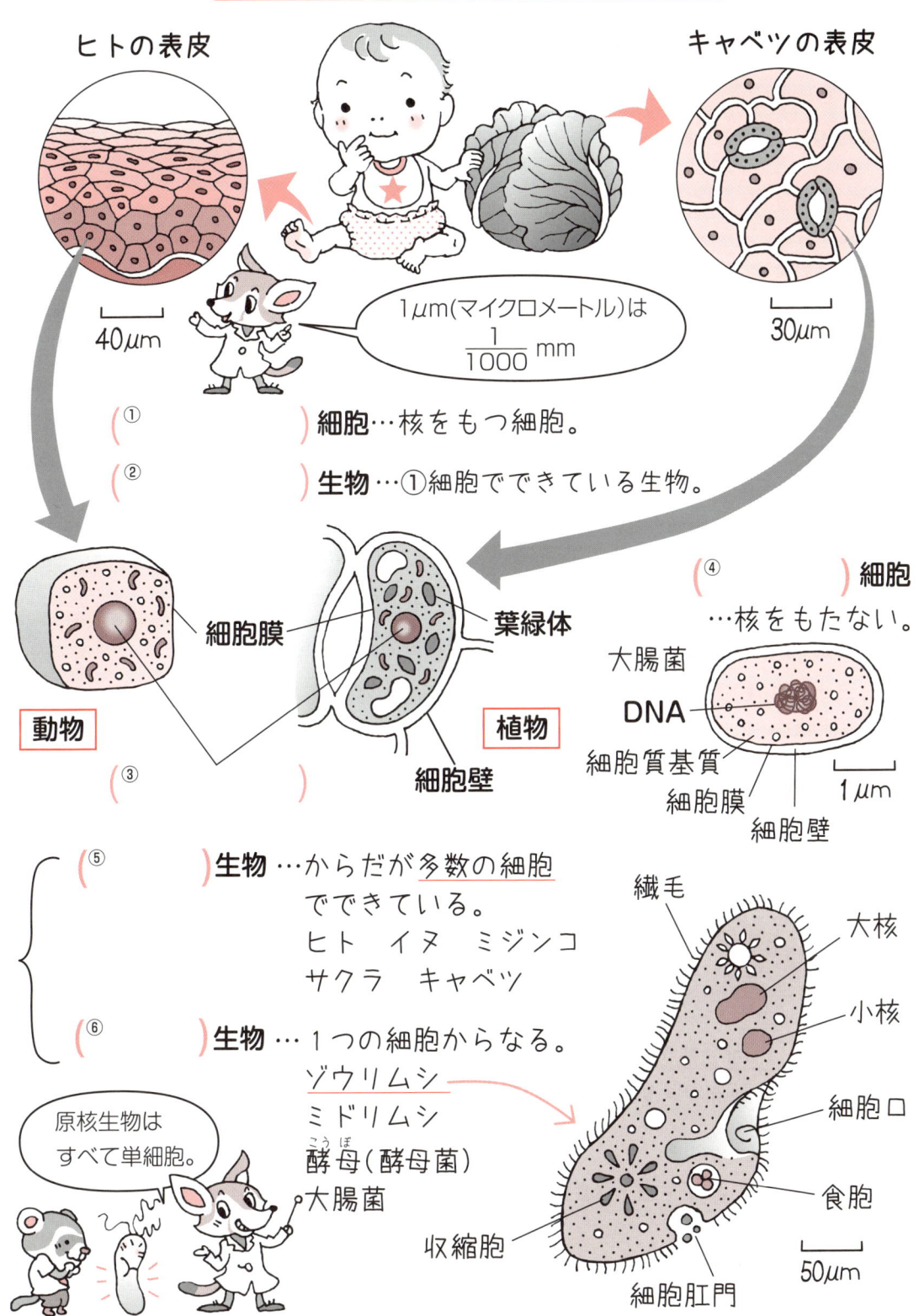

3 動物細胞・植物細胞のつくり

◎真核細胞（動物細胞・植物細胞）の構造

❶ 真核細胞の構造は，大きく**核**と**細胞質**に分けられます。
❷ 細胞質の外側には**細胞膜**があります。植物の細胞には細胞膜の外側に**細胞壁**があります。

◎核

❶ 核は**核膜**で囲まれ，細胞質から仕切られています。
❷ 核の中には**染色体**があり，遺伝子の本体である DNA を含んでいます。DNA には遺伝情報が保持されていて，これをもとに細胞の生命活動や増殖をコントロールします。
❸ 核の中の染色体は，**酢酸カーミン**や**酢酸オルセイン**で赤色に染まります。

◎細胞質

細胞の核以外の部分を**細胞質**といいます。細胞質は，液状の**細胞質基質**の中に，いろいろな役割をもった構造体（**細胞小器官**）が存在しています。

❶ **細胞膜**は，あぶら（リン脂質）でできた膜で，細胞全体を包んでいます。
　役割…細胞を外部から仕切り，細胞内外の**物質の出入り**を調節します。

❷ **ミトコンドリア**は二重の膜構造でできた細胞小器官で，内膜は内側に折れこんだひだをつくっています。
　役割…細胞内における**呼吸の場**で，酸素を使って有機物を分解し，ATP を生産します（→ p.26）。

> 核膜やミトコンドリア，葉緑体，液胞を形づくる膜も細胞膜と同じようにリン脂質でできているよ。

❸ **葉緑体**は，植物細胞に存在する，緑色をした細胞小器官です。中にはクロロフィルなどの光合成色素をもつ袋状の構造が多数存在します。〔デンプンなど〕
　役割…**光合成が行われ**，二酸化炭素と水から有機物を合成します（→ p.24）。

❹ **液胞**は，植物細胞で発達し，細胞液で満たされています。赤い色の花や果実にはアントシアンという色素が含まれています。

❺ **細胞壁**は，**植物細胞の細胞膜の外側をおおう丈夫な膜**です。炭水化物（セルロース）でできており，細胞の保護や形を保ったりしています。

★ **真核細胞**＝**核**＋**細胞質**
　　　　　　　　　└→ ミトコンドリア（呼吸），葉緑体（光合成）など
★ 植物細胞で特徴的な構造物 … **葉緑体**，**細胞壁**，発達した**液胞**。

8　　　図解まとめ　の答え　① 細胞質　② ミトコンドリア　③ 葉緑体　④ 液胞　⑤ 動物　⑥ 植物　⑦ 核
　　　　　　　　　　　　　⑧ 細胞壁

図解まとめ

細胞 ─┬─ 核
     └─ (①) … 細胞の核以外の部分。
        [細胞膜, ミトコンドリア, 葉緑体, 液胞, 細胞質基質 など]

細胞のさまざまな構造については，このように2つの分け方があるよ。

細胞 ─┬─ 細胞膜 … 細胞全体を包む。
     ├─ 細胞小器官 … 細胞内に見られる構造体。
     │   ├─ 核 ……………… DNAを含み，細胞の活動を支配する。
     │   ├─ (②) … 呼吸の場。エネルギーを取り出す。
     │   ├─ (③) … 光合成を行う。
     │   └─ (④) … 細胞液を含む。
     ├─ 細胞質基質 … 細胞内の細胞小器官以外の液体部分。
     └─ (細胞壁) … 細胞の保護や支持に働く。

細胞小器官には，核も含まれる。

←植物細胞のみ。

細胞壁は，細胞膜の外側にセルロースなどの物質が沈着してできる。

(⑤) 細胞　　　　(⑥) 細胞

細胞質基質
(⑦)
細胞膜
(⑧)
ミトコンドリア
葉緑体
液胞

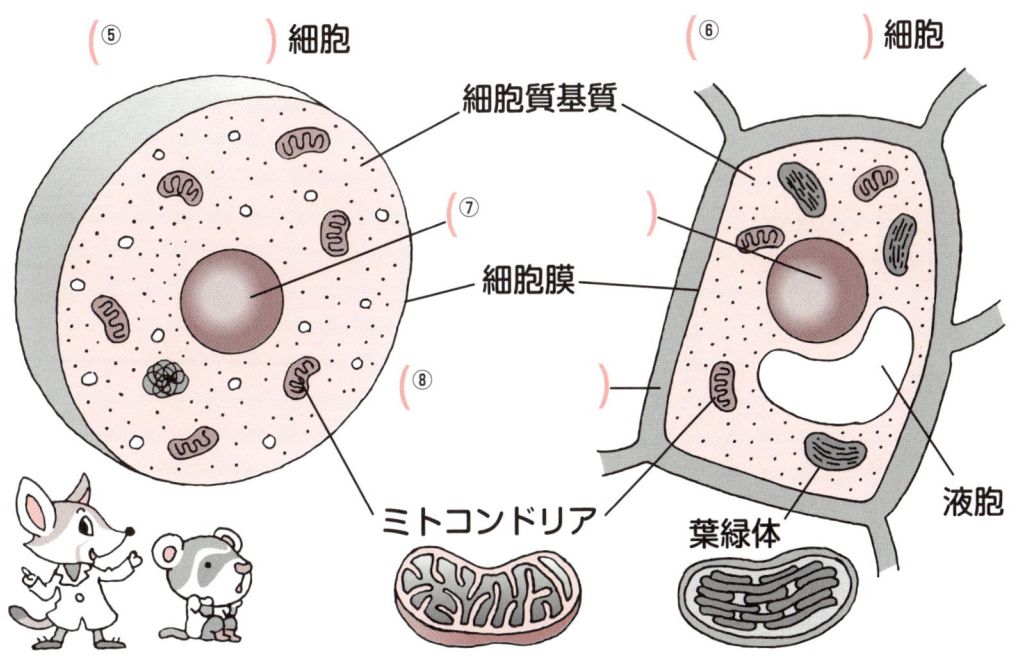

第1章　細胞と代謝

確認テスト 1

合格点：20問／32問

解答→別冊 p.2

テストに出る用語を確認！

1 わからなければ 1 へ

1. 生物の分類の基本単位を何といいますか。

2. 生物の特徴が，世代を重ねるごとに受け継がれ，時間とともに変化していくことを何といいますか。

3. すべての生物が共通して遺伝情報としてもっている物質は何ですか（アルファベット3文字）。

4. すべての生物が共通してもち，エネルギーをやりとりするときに用いる物質を何といいますか（アルファベット3文字）。

5. ③，④のような特徴がすべての生物に共通しているのはなぜだと考えられますか。

2 わからなければ 2 へ

6. すべての生物体の構造と働きの単位となるものは何ですか。

7. 動物，植物，菌類などのからだを構成する，核をもつ細胞を何といいますか。

8. 大腸菌やシアノバクテリアなどの細菌を形づくる，核膜で包まれた核をもたない細胞を何といいますか。

9. 細胞は，かたまりやただの物質の集まりではなく，膜によって外界と内側が仕切られた構造です。この膜を何といいますか。

10. 真核細胞と原核細胞とで一般的に大きいのはどちらですか。

11. すべての生物の共通の祖先は，原核細胞と真核細胞のどちらでできていたと考えられますか。

12. 1 μm は 1mm の何分の1ですか。

3 わからなければ 3 へ

13. 細胞の核以外の部分を何といいますか。

14. 細胞を構成する，内部の構造体を何といいますか。

15. 細胞内で呼吸の場となっている構造体を何といいますか。

16. 植物細胞で特徴的な構造体を，細胞壁，（発達した）液胞のほかにもう1つあげなさい。

テストに出る図を確認！

1. 細胞による生物の仲間分け　わからなければ 2 へ

[1] 生物 細胞内に [2] をもたない	大腸菌，乳酸菌，シアノバクテリア	} [4] 生物
[3] 生物 [2] をもつ	原生生物	ゾウリムシ，ミドリムシ	} [5] 生物
	菌　類	アオカビ，シイタケ	
	植　物	サクラ，キャベツ	
	動　物	ヒト，イヌ，カブトムシ	

1 _____生物

2 _____

3 _____生物

4 _____生物

5 _____生物

第1章　細胞と代謝

2. 細胞の構造　わからなければ 2 3 へ

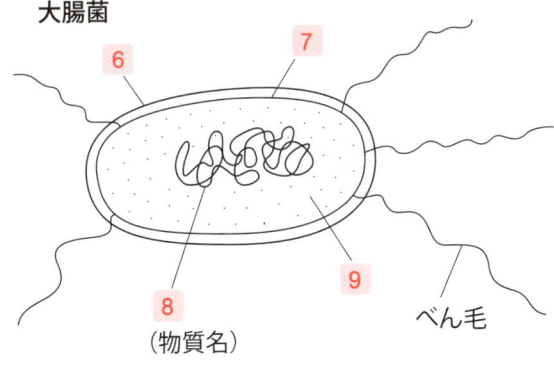

大腸菌

植物細胞　　動物細胞

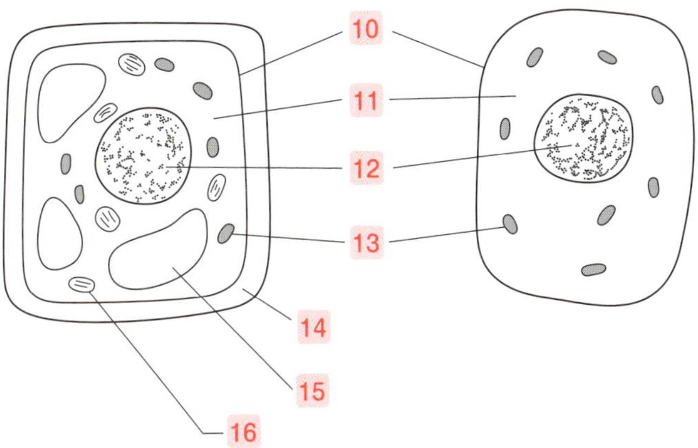

6 _____

7 _____

8 _____

9 _____

10 _____

11 _____

12 _____

13 _____

14 _____

15 _____

16 _____

11

4 顕微鏡の使い方① 基本的な扱い

◎顕微鏡を使う前の扱い方

❶ 顕微鏡を持つときは，一方の手でアームを握り，他方の手を鏡台にそえて持ち運びます。

❷ 顕微鏡は，直射日光が当たらない明るい水平な場所に設置します。

> 注意! 直射日光は，目を痛めるので絶対ダメ!!

❸ レンズを取り付けるときは，先に接眼レンズを取り付け，次に対物レンズを取り付けます。

> 接眼レンズを後にすると鏡筒からほこりが入るため。

❹ 観察する倍率は，接眼レンズと対物レンズの倍率の積で表されます。

◎ピントや明るさの調節

❶ 次に光量の調節を行います。低倍率の対物レンズをセットして，しぼりを開き，接眼レンズをのぞきながら視野が明るくなるように反射鏡を調節します。低倍率で観察するときは平面鏡，高倍率で観察するときは凹面鏡を用います。

> 解説 高倍率では視野が暗くなるので平面鏡よりも多くの光を集める凹面鏡を用いること。

❷ そして，プレパラートをステージ上にセットします。試料が対物レンズの真下にくるようにプレパラートをのせます。

> 重要ワード
> プレパラート 試料（観察対象）を顕微鏡観察できる状態に整えたもの。

❸ 低倍率のほうが視野が広いので，まず低倍率で観察の対象物を探して中央に移動させて観察してから，レボルバーを回して高倍率で観察します。

❹ ピントを合わせるには，まず，対物レンズを横から見ながら調節ねじを回し，プレパラートと対物レンズを近づけます。次に，接眼レンズをのぞきながら，対物レンズとプレパラートを遠ざけていってピントを合わせます。

> 注意! 対物レンズをプレパラートに近づくほうへ動かしてピントを合わせると，両者が接触し破損する恐れがある。うっかりミスをしないよう，接眼レンズをのぞいているときは必ず対物レンズとプレパラートを離す方向に動かすこと。

❺ 試料がよりよく見えるようにしぼりを調節します。低倍率のときはしぼりを絞り，高倍率のときは，低倍率のときより光が少ないのでしぼりを開きます。

> 解説 しぼりを絞ると視野は暗くなりますが，観察物の像が鮮明に見える範囲が広がります。

★ 先に接眼レンズを取り付ける。対物レンズは後から。
★ 顕微鏡の倍率＝接眼レンズの倍率 × 対物レンズの倍率
★ ピント調節は，対物レンズをプレパラートから遠ざかる方向に動かす。

図解まとめ の答え ①接眼 ②対物 ③100 ④暗 ⑤深(広) ⑥ステージ

図解まとめ

光学顕微鏡

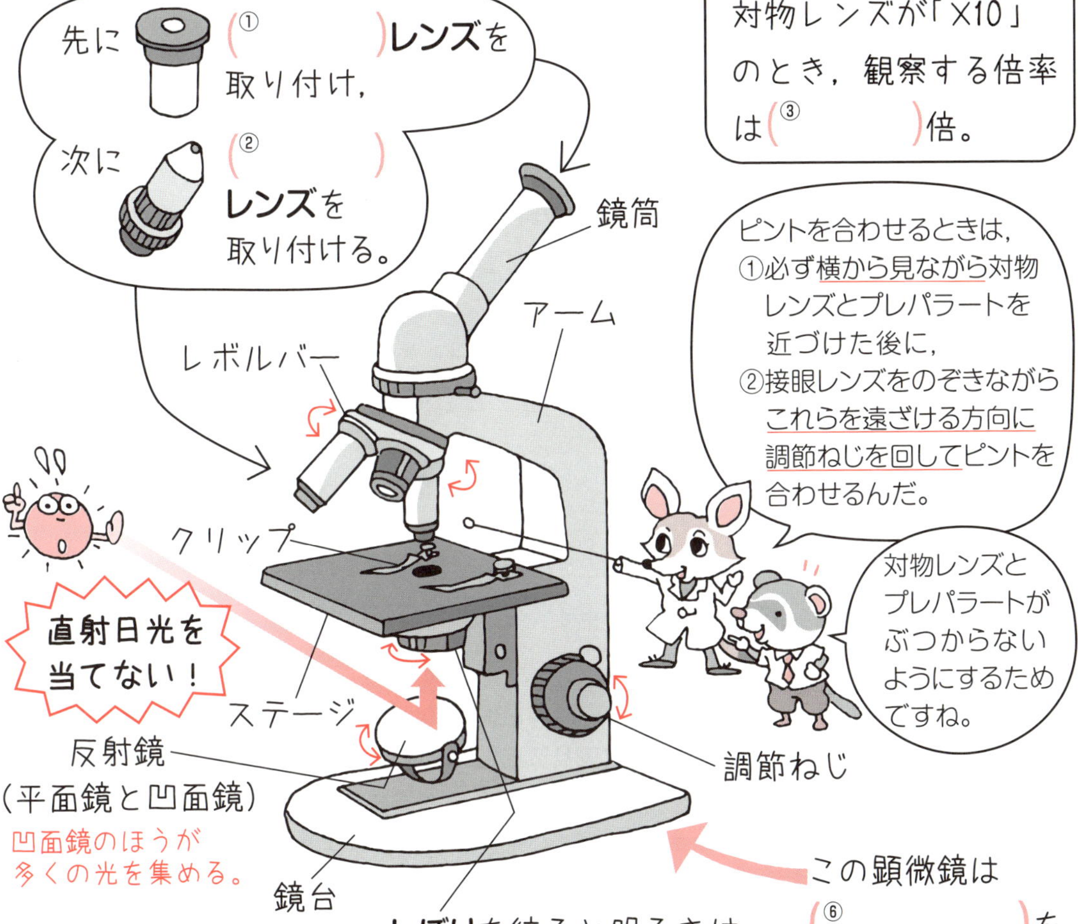

先に（①　　　）レンズを取り付け、次に（②　　　）レンズを取り付ける。

接眼レンズが「×10」，対物レンズが「×10」のとき，観察する倍率は（③　　　）倍。

ピントを合わせるときは，①必ず横から見ながら対物レンズとプレパラートを近づけた後に，②接眼レンズをのぞきながらこれらを遠ざける方向に調節ねじを回してピントを合わせるんだ。

対物レンズとプレパラートがぶつからないようにするためですね。

鏡筒／アーム／レボルバー／クリップ／ステージ／反射鏡（平面鏡と凹面鏡）／調節ねじ／鏡台

直射日光を当てない！

凹面鏡のほうが多くの光を集める。

観察物　見え方
ア　→　（反転した形）
上下左右が逆に見える。

しぼりを絞ると明るさは（④　　　）くなるが，ピントの合う奥行きの範囲（焦点深度）は（⑤　　　）くなる。

この顕微鏡は（⑥　　　）を上下させるタイプ。このほか鏡筒とレンズを上下させるタイプがある。

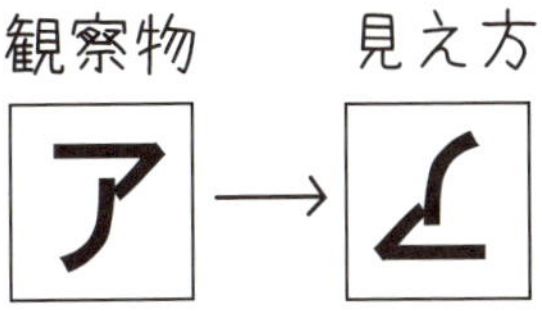

第1章　細胞と代謝

	視野	明るさ	焦点深度
低倍率	広い 対象物を探しやすい	明るい 平面鏡　しぼりを絞る	深い ピントを合わせやすい
高倍率	狭い	暗い 凹面鏡　しぼりを開く	浅い

13

5 顕微鏡の使い方② ミクロメーターの使い方

◎ミクロメーターについて

❶ ミクロメーターには，対物ミクロメーターと接眼ミクロメーターの2種類があります。顕微鏡観察では，この両方を使って観察物(試料)の大きさを測ります。

❷ 接眼ミクロメーターは，接眼レンズに入れて使います。これで観察物の大きさを測りますが，観察する倍率によって1目盛りの長さが変わるので，事前に対物ミクロメーターを使って，接眼ミクロメーターの1目盛りの長さを測定します。

❸ 対物ミクロメーターはスライドガラスのようなガラス板で，中央に1mmを100等分した目盛りが刻まれています。つまり，対物ミクロメーターの1目盛りは10 μm(マイクロメートル)です。

◎ミクロメーターの使い方

❶ 接眼レンズの上部のレンズをはずし，その中に接眼ミクロメーターを静かに落としてレンズを戻します。

❷ 対物ミクロメーターの目盛りがステージの中央にくるようにセットし，接眼レンズをのぞきながら目盛りにピントを合わせます。

❸ 接眼レンズをまわして，接眼ミクロメーターと対物ミクロメーターの目盛りが平行になるようにして，両方の目盛りが一致しているところを2か所見つけ，それぞれの目盛り数を数えます。

> 誤差を小さくするためできるだけ離れた2点をとる。

❹ 例えば，右ページ下図②の例では，アとイのところで目盛りが一致しています。アとイの間は接眼ミクロメーターでは20目盛り，対物ミクロメーターでは5目盛りです。対物ミクロメーターの1目盛りは10μmとわかっているので，アとイの間の長さは50μmです。この50μmの間に接眼ミクロメーターの目盛りが20目盛りあるので，接眼ミクロメーターの1目盛りの長さは 50μm÷20目盛り=2.5μm となります。

$$\text{接眼ミクロメーター1目盛りの長さ} = \frac{\text{対物ミクロメーターの目盛り数} \times 10}{\text{接眼ミクロメーターの目盛り数}} \text{〔μm〕}$$

❺ この状態で，対物ミクロメーターをステージからはずして，かわりに，ある微生物を検鏡すると，この微生物の体長は30目盛り分でした。この長さは
　　2.5μm × 30目盛り = 75μm となります。

- ★ 顕微鏡下で観察物の大きさは，接眼ミクロメーターで測る。
- ★ 接眼ミクロメーターの1目盛りの長さは，事前に対物ミクロメーターを使って倍率ごとに測定しておく。

例題 空欄の答え ①接眼 ②対物 ③接眼 ④対物 ⑤5 ⑥20

図解まとめ

ミクロメーターの準備

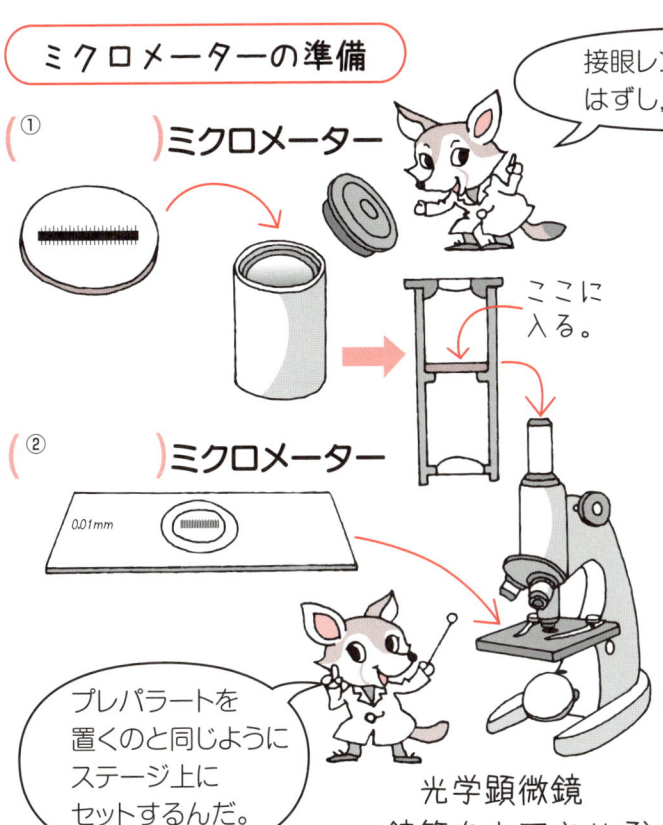

① ( )ミクロメーター

接眼レンズの上部のレンズをはずし，中にセットするんだ。

ここに入る。

② ( )ミクロメーター

プレパラートを置くのと同じようにステージ上にセットするんだ。

光学顕微鏡（鏡筒を上下させるタイプのもの）

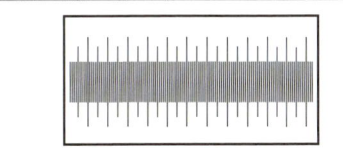

③ ( )ミクロメーターの目盛り
数字がふってあるが，長さが決まっていない相対目盛り。

④ ( )ミクロメーターの目盛り
1目盛り＝10μm（絶対目盛り）
1mmを100等分したもの。

接眼ミクロメーターの1目盛りの長さ

誤差を小さくするためなるべく離れた2点をとる。

対物ミクロメーターの上に試料をのせて長さを測定すればいいんじゃないですか？

そうすると厚すぎて重ねたものの両方にはピントが合わないよ。

① 対物ミクロメーターにピントを合わせ，接眼ミクロメーターの目盛りが平行になるように接眼レンズをまわす。

② 両目盛りが一致する所を探し，接眼ミクロメーター1目盛りの長さを計算する。

上の図ではアとイの間が

$$\frac{対物ミクロメーターの目盛りの数 \times 10\mu m}{接眼ミクロメーターの目盛りの数} = \frac{(⑤)目盛り \times 10\mu m}{(⑥)目盛り} = 2.5\mu m$$

第1章 細胞と代謝

確認テスト 2

合格点：15問／25問

解答→別冊 p.2～3

テストに出る**用語を確認**！

1 ◀わからなければ④へ

1. 顕微鏡を運ぶとき，右手でアームを握った場合，左手はどこにそえますか。

2. 顕微鏡に接眼レンズと対物レンズをセットする際，どちらを先にセットしますか。

3. 10倍の接眼レンズと40倍の対物レンズを用いるとき，顕微鏡の倍率は何倍になりますか。

4. 観察物をスライドガラス上に固定するなどして顕微鏡で観察できる状態に整えたものを何といいますか。

5. 顕微鏡で観察するとき，最初は低倍率，高倍率どちらで行いますか。

6. ピント調節の手順で，ピントを合わせる際に，対物レンズをプレパラートから遠ざかる方向に調節ねじを動かすのはなぜですか。

7. 顕微鏡観察で，光の量を変えたり，像を鮮明に見たいときに調節するのはどこですか。

8. 顕微鏡で観察する際，高倍率で用いる反射鏡は平面鏡と凹面鏡のどちらですか。

9. 高倍率で観察する際，⑧の反射鏡を用いるのはなぜですか。

2 ◀わからなければ⑤へ

10. 顕微鏡下で実際に観察物の大きさを測るときに用いるミクロメーターは接眼ミクロメーターと対物ミクロメーターのどちらですか。

11. 接眼ミクロメーターは，顕微鏡のどこにセットしますか。

12. 対物ミクロメーターは，顕微鏡のどこにセットしますか。

13. 対物ミクロメーターに刻まれている目盛りの1目盛りは一般に何μmですか。

14. ミクロメーターの1目盛りの長さを調べるとき，接眼ミクロメーターと対物ミクロメーターの目盛りが一致する，なるべく離れた2点間の目盛りを数えるのはなぜですか。

テストに出る図を確認！

1. 顕微鏡のつくり　わからなければ 4 へ

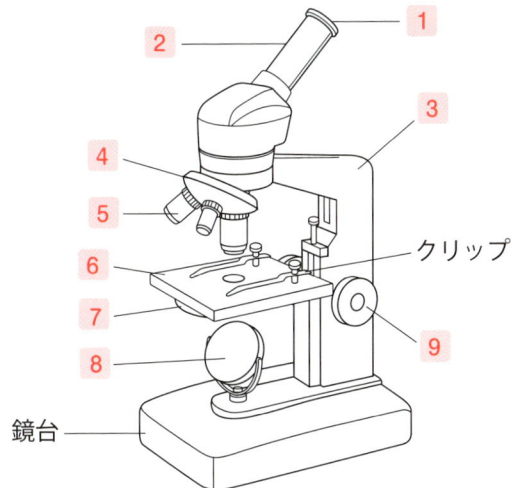

1	
2	
3	
4	
5	
6	
7	
8	
9	

第1章　細胞と代謝

2. ミクロメーターによる計測　わからなければ 5 へ

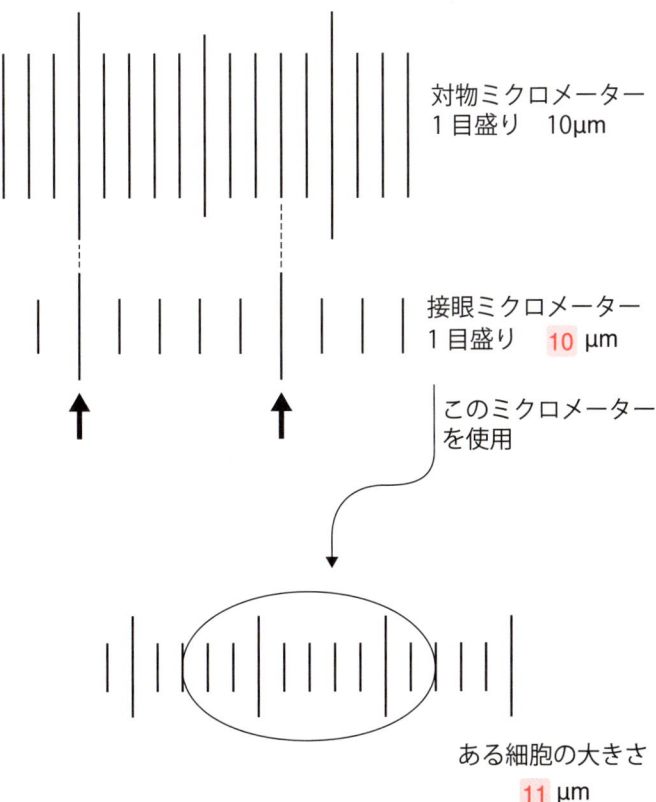

対物ミクロメーター
1目盛り　10μm

接眼ミクロメーター
1目盛り　10 μm

このミクロメーターを使用

ある細胞の大きさ
11 μm

10		μm
11		μm

17

❻ 代謝とエネルギー

◎代謝

❶ 生物は，からだの外から取り入れた物質を化学変化によって他の物質につくり変え，利用しています。このような**生体内の化学反応を代謝**といいます。

❷ 代謝のうち，水（H_2O）や二酸化炭素（CO_2）といった無機物などの**簡単な物質からデンプンなどの複雑な有機物を合成することを同化**といいます。**光合成**は同化の1つで生物全体にとって最も重要な生命活動の1つといえます。

❸ なぜなら，有機物は，生物のからだを構成する物質として必要であるとともに，分解すると分子の中に保たれている化学エネルギーを取り出すことができるからです。

> 「食パン1斤は400kcal」といった表示を見たことがありませんか？加工食品などで見られる「カロリー」（cal, kcal）は，ジュールと同様にエネルギーの大きさを表す単位です。

重要ワード
化学エネルギー 化学変化によって熱エネルギーや運動エネルギーなどに変換できる，物質がもつエネルギーの1つ。

❹ 同化とは逆に**複雑な物質（有機物）を簡単な物質に分解する代謝を異化**といいます。**呼吸**は代表的な異化の1つですが，**生物は生命活動に必要なエネルギーを呼吸によって有機物から得ている**のです。

◎ATP

❶ **ATP**は，生命活動のためにエネルギーを供給する物質で，**地球上のすべての生物は必ず生命活動を行う際のエネルギーのやりとりにATPを使っています。**

❷ ATPはアデノシン三リン酸という物質の略称で，アデノシンという構造に**リン酸**が3つつながってできています。

> 解説　アデノシンはアデニンという塩基とリボースという糖が結合してできている。

❸ ATPはリン酸が2つつながった**ADP**（アデノシン二リン酸）にリン酸が1つ加わってできます。リン酸どうしの結合は**高エネルギーリン酸結合**とよばれ，結合させて**ATP**をつくる際にはエネルギーを加える必要がありますが，逆にATPの高エネルギーリン酸結合を切って**ADP**とリン酸に分解するとエネルギーが発生します。

$$\text{ATP} \longleftrightarrow \text{ADP} + \text{リン酸} + \text{エネルギー}$$

ポイント！
★ **代謝**…生物の体内での化学反応。複雑な有機物を合成する**同化**と，複雑な有機物を簡単な物質に分解してエネルギーを取り出す**異化**がある。
★ すべての生物の生命活動は，エネルギーのやりとりに**ATP**を介している。

18　図解まとめ　の答え　①代謝　②異化　③同化　④呼吸　⑤光合成　⑥ADP

図解まとめ

（①　　　）は生体内で起こる化学反応のこと。

（②　　　）…複雑な物質を簡単な物質に分解。

エネルギーが **放出される**。

（③　　　）…簡単な物質から複雑な物質を合成。

エネルギーが **蓄えられる**。

例（④　　　）

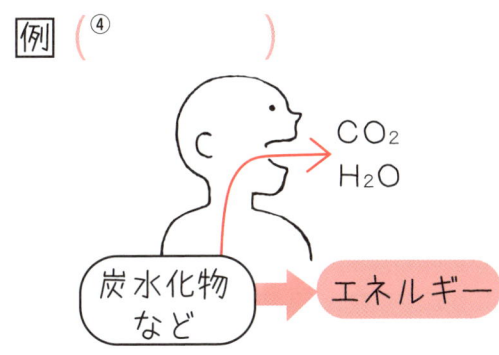

例（⑤　　　）

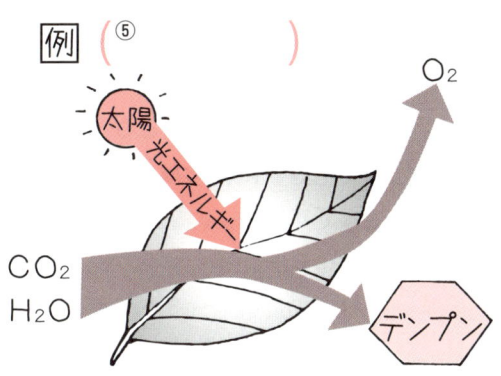

ATP …「エネルギーの通貨」

アデノシン ＋ **リン酸** ＝ アデノシン三リン酸

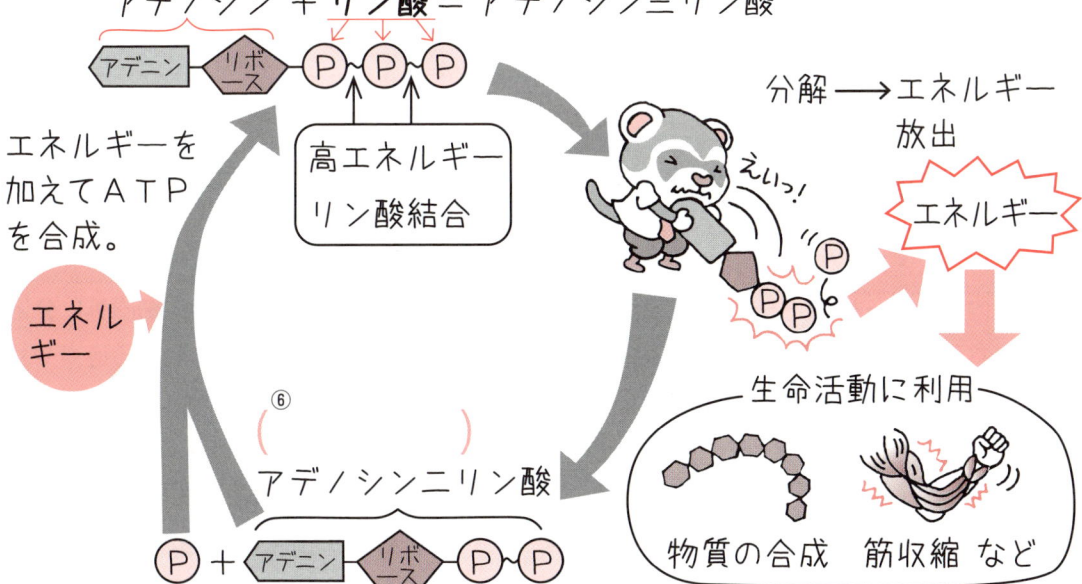

（⑥　　　）
アデノシン二リン酸

 **酵 素**

◎化学反応と触媒

❶ 中学では，食物に含まれる**デンプン**は消化液によって**グルコース（ブドウ糖）**に分解されると学習しました。つまりデンプンは多数の糖が結合してできている物質ということです。これを人為的に速やかに分解するにはどうすればいいでしょうか？

❷ 熱を加える？デンプンは水にとけませんが，加熱するととけるようになります。でも，これは分解されたわけではありませんね。デンプンは熱を加えても分解しませんが，希硫酸を加えるなどして強い酸性のもとで沸騰させれば，糖に分解することができます。

> 加熱されて水にとけたデンプンは吸水してどろどろになり，デンプンのりとよばれる状態になります。

❸ このようにデンプンを分解しようとするとけっこう大変なのですが，ご飯やパンを口に入れて噛んでいるだけで，含まれているデンプンは甘い糖に分解されます。だ液に含まれる**酵素**（アミラーゼなど）は，デンプンを中性で 36〜37℃（体温）という**穏やかな条件でも速やかに分解することができる**のです。

❹ **自らは変化せずに化学反応を促進する物質**を**触媒**といいますが，**酵素は生体内で働いている触媒**です。

❺ 食物の消化以外にも，生体内では生命活動のためのさまざまな化学反応が行われています。それらの反応は，すべて酵素の働きによって成り立っています。

◎酵素の性質

❶ 酵素は触媒ですから**反応の前後でそれ自身は変化しません**。そのため同じ1個の酵素の分子がくり返し反応に関わることができ，**わずかな量で化学反応を促進します**。

❷ 酵素は，化学反応に必要なエネルギーを減少させます。つまり，**少ないエネルギーを加えるだけで反応が起こるようになり**，速やかに反応を進めます。

❸ **酵素の主成分はタンパク質**です。

❹ だ液に含まれる**アミラーゼ**という酵素はデンプン（アミロース）の分解にだけ働き，他の化学反応には働きかけません。このように，**酵素は働きかける反応が決まっています**。

❺ ということは，体内で起こる膨大な種類の化学反応に対して，それぞれ別々の酵素が細胞内でつくられているということです。酵素には**細胞の中で働くものや，細胞外に分泌されて働くもの**があります。細胞内では，ミトコンドリアで働く呼吸に関する酵素や葉緑体で働く光合成に関する酵素などがあり，細胞外では消化酵素などが働いています。

★ 酵素は，タンパク質でできた**触媒**で，わずかな量で代謝を促進する。
★ 酵素は作用する化学反応が決まっていて，非常に多くの種類がある。

20　図解まとめ の答え　① 触媒　② タンパク質　③ グルコース　④ 呼吸　⑤ 光合成

図解まとめ

酵素は生体内でつくられて働く（①　　　）である。
触媒は、化学反応が起こるためのハードルを下げる。

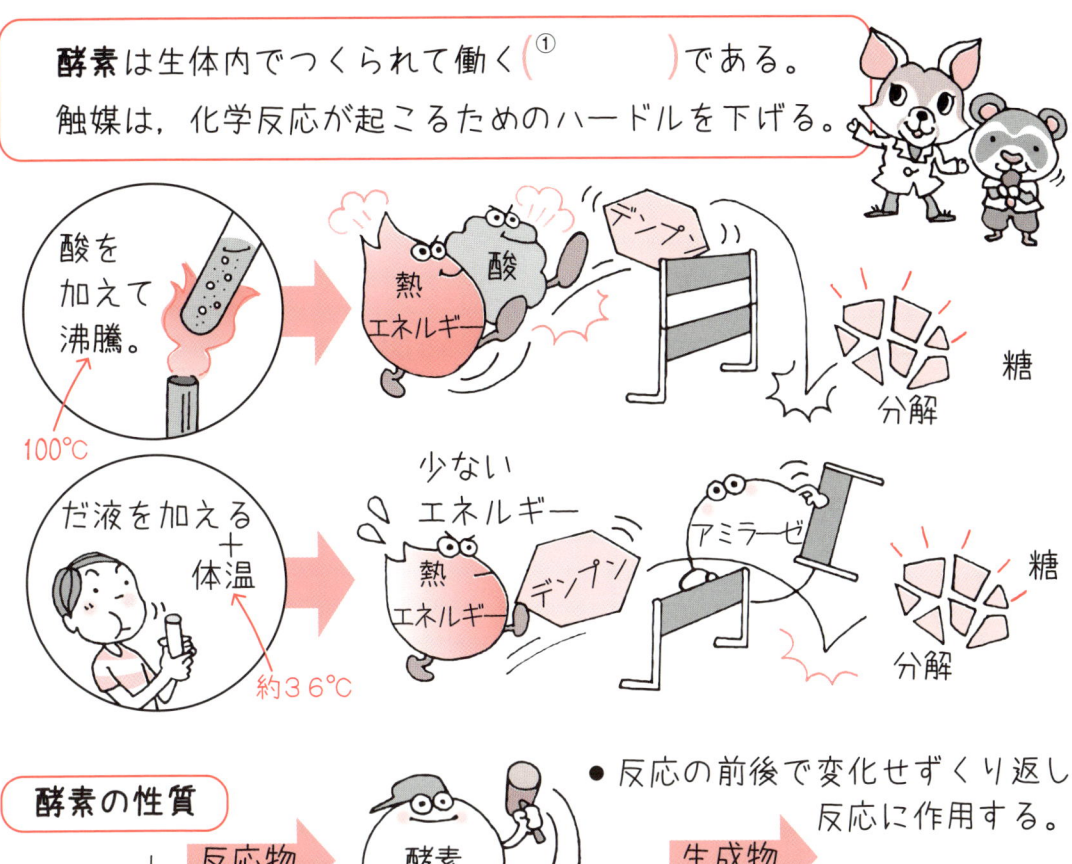

100℃　酸を加えて沸騰。

だ液を加える＋体温　約36℃

酵素の性質

・反応の前後で変化せずくり返し反応に作用する。

反応物　酵素　生成物

・酵素の主成分は（②　　　）　➡ さまざまな種類の酵素を生物が自分でつくることができる！

・1種類の酵素は1種類の化学反応に働く。
　➡ 生体内で起こるさまざまな化学反応の数だけ酵素が存在する！

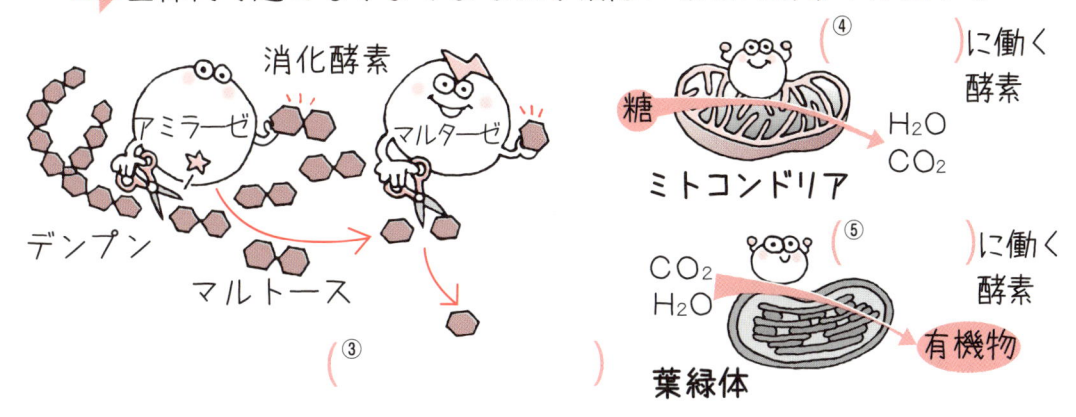

消化酵素　アミラーゼ　マルターゼ
デンプン　マルトース
（③　　　）

（④　　　）に働く酵素
糖 → H_2O CO_2
ミトコンドリア

（⑤　　　）に働く酵素
CO_2 H_2O → 有機物
葉緑体

第1章　細胞と代謝

確認テスト 3

合格点：18問／30問

解答→別冊 p.3

テストに出る**用語を確認**！

1 ←わからなければ❻へ

1. 生体内で行われる化学反応を何といいますか。

2. 生体内で無機物のような簡単な物質から有機物のような複雑な物質を合成することを何といいますか。

3. 生体内で有機物のような複雑な物質を無機物のような簡単な物質に分解することを何といいますか。

4. 生体内の化学反応で，エネルギーを吸収する反応は異化と同化のどちらですか。

5. 生体内の化学反応で，エネルギーを放出する反応は異化と同化のどちらですか。

6. 物質の分子の中に保たれていて燃焼などの化学反応で放出されるエネルギーを何エネルギーといいますか。

7. 有機物から生命活動に必要なエネルギーを得るために細胞で酸素を用いて行われていることは何ですか。

8. 7 で得られたエネルギーは，必ずある物質にいったん蓄えられます。その物質は何という物質ですか。

9. 生物は細胞内で 8 の物質を分解して生命活動に必要なエネルギーを取り出します。 8 の物質が分解されると何と何になりますか。

10. 8 の分子が分解されるとき，ある結合が切れることでエネルギーが放出されます。その結合は何結合という結合ですか。

2 ←わからなければ❼へ

11. 自らは変化せずに化学反応を促進する物質を何といいますか。

12. 生体内の触媒として働いている有機物を何といいますか。

13. 酵素の主成分となる物質は何ですか。

14. だ液のアミラーゼがタンパク質を分解しないのは，酵素のどのような性質によるものですか。

15. 光合成で働く酵素は，何という細胞小器官の中にありますか。

16. 細胞外で働く酵素には，どのような働きの酵素がありますか。

> テストに出る図を確認！

1. 代謝の種類　◀わからなければ❻へ

[1]…エネルギーを[2]する。
例：光合成

簡単な物質 ──→ 複雑な物質

[3]…エネルギーを[4]する。
例：呼吸

複雑な物質 ──→ 簡単な物質

1 _____
2 _____
3 _____
4 _____

2. ATP　◀わからなければ❻へ

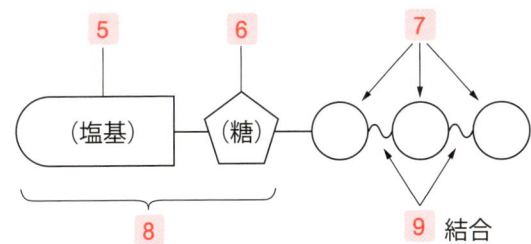

5 _____
6 _____
7 _____
8 _____
9 _____ 結合
10 _____
11 _____

3. 酵素のはたらき　◀わからなければ❼へ

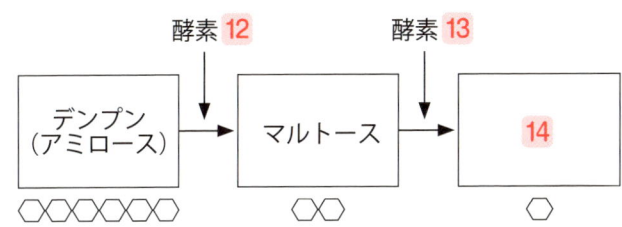

12 _____
13 _____
14 _____

第1章　細胞と代謝

8 光合成

◎光合成の場＝葉緑体

❶ 植物の光合成は，細胞内の**葉緑体**で行われます。
❷ 葉緑体は膜に囲まれた粒状の細胞小器官で，内部に平たい袋状の構造物が見られます。
❸ 植物は緑色に見えますが，これは葉緑体に**クロロフィル**という緑の色素が含まれているからです。このクロロフィルが光エネルギーを吸収します。
❹ 葉緑体内では，光合成に関係するたくさんの**酵素**が働いています。

◎光合成の反応

❶ 光合成は，二酸化炭素と水を原料にしてデンプンなどの有機物を合成します。原料の二酸化炭素は葉の裏側にある気孔から取り入れ，水は根から吸収しています。
❷ デンプンは炭素を含んだ有機物で，この炭素は二酸化炭素がもとになっています。
❸ 葉緑体のクロロフィルで吸収した光エネルギーは，最初にATPの合成に利用されます。そして，このATPの化学エネルギーを利用してデンプンなどの有機物を合成します。

> デンプンなど光合成でつくられる有機物はグルコース（$C_6H_{12}O_6$）が多数結合した物質のため，化学式は便宜的にこのように表します。

❹ 光合成の反応式は以下のようになります。

$$\text{二酸化炭素} + \text{水} + \text{光エネルギー} \longrightarrow \text{有機物} + \text{酸素}$$
$$CO_2 \qquad\quad H_2O \qquad\qquad\qquad\qquad [C_6H_{12}O_6] \quad\; O_2$$

❺ 植物は，光合成で合成したデンプンなどの有機物を，からだをつくる材料や生命活動のエネルギー源として利用しています。

◎光合成でのエネルギーの流れ

❶ 光合成で光エネルギーは，

　　光エネルギー → ATPの化学エネルギー → デンプンなど有機物の化学エネルギー

の順に変換され，植物体内に有機物の化学エネルギーとして蓄えられます。
❷ この有機物のエネルギーは，植物から植物食性動物，動物食性動物の順に**食物連鎖**を通じて伝えられ，それぞれの生物で利用されます（→47）。

ポイント！
★ 植物の光合成は，細胞内の**葉緑体**で行われる。
★ **光合成**…光エネルギーを利用して，二酸化炭素と水からデンプンなどの**有機物を合成する**代謝。

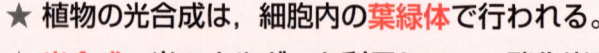
図解まとめ の答え　①葉緑体　②酵素　③ATP　④二酸化炭素　⑤酸素

図解まとめ

光合成のしくみ

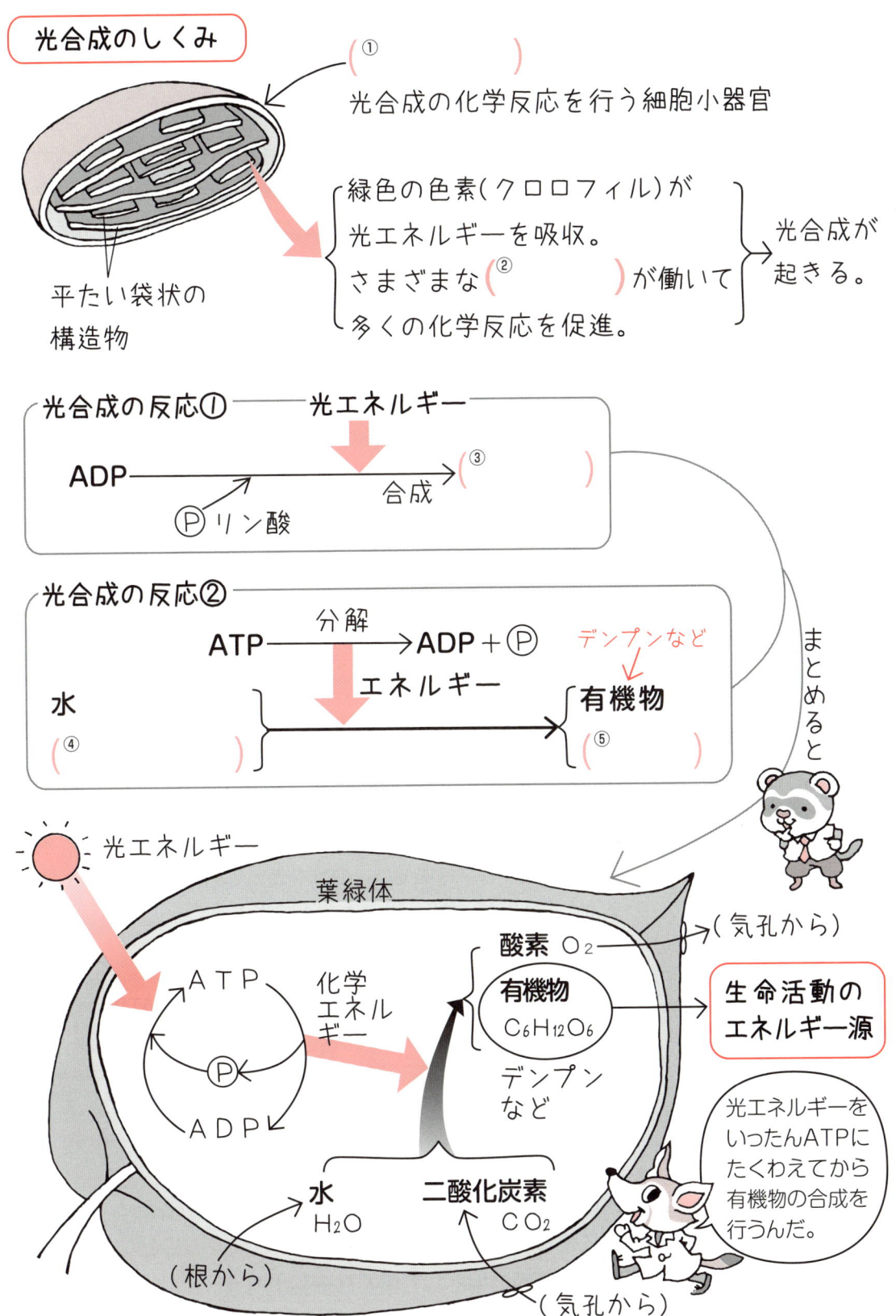

 呼 吸

◎呼 吸

❶ 生物が生きていくためには，エネルギーが必要です。私たちヒトをはじめとする動物は，食物を食べて栄養分を取り，息をして酸素を取り入れて生きています。逆に，この2つを行わなければ生命を維持することはできません。植物は物を食べませんが，光合成により栄養分(デンプン)を合成しています。

❷ 動物や植物は，体内に蓄えた栄養分を分解し，生きていくためのエネルギーをつくり出しています。

> 植物が根から吸収するのは水や窒素，リンなどの無機物。

❸ 炭水化物，脂質，タンパク質などの有機物は，エネルギーを取り出す材料として利用されます。特にデンプンやグルコース($C_6H_{12}O_6$)などの炭水化物は主要な材料です。

❹ 体内のグルコースなどの有機物を酸素を用いて分解し，取り出したエネルギーで ATP を合成することを呼吸といいます。

> 日常で使う「呼吸」(息をすること＝外呼吸)との違いに注意！

◎呼吸の場

❶ 真核生物では，呼吸においてミトコンドリアが重要な役割を果たしています。

❷ ミトコンドリアは，内外2重の膜で囲まれてできている細胞小器官で，内側の膜はひだのように内部に突き出した構造をしています。

❸ ミトコンドリアには，呼吸に関係するいくつもの酵素が含まれています。

◎呼吸の反応・エネルギーの流れ

❶ グルコースは酸素を用いて分解され，エネルギーを放出し，最終的に二酸化炭素と水になります。これは，燃焼と同じですが，呼吸では，酵素を使って何段階にも分けてゆっくりと分解が進み，効率よくエネルギーを取り出すことができます。

❷ 呼吸の反応式は次のようになります。

> 光合成の逆！

$$\underline{\text{グルコース}} + \underline{\text{酸素}} \rightarrow \underline{\text{二酸化炭素}} + \text{水} + \text{エネルギー(ATP)}$$
$$C_6H_{12}O_6 \quad\quad O_2 \quad\quad\quad CO_2 \quad\quad H_2O$$

❸ 呼吸で分解されたグルコースの化学エネルギーは ATP に蓄えられ，その ATP は生物のあらゆる生命活動に利用されます。

★ 呼吸…酸素を用いて体内のグルコースなどの有機物を分解し，そのときに得られたエネルギーで ATP を合成すること。

★ ミトコンドリアは，呼吸の場として重要な細胞小器官。

図解まとめ の答え　①酸素　②二酸化炭素　③ATP　④ミトコンドリア　⑤燃焼　⑥呼吸

図解まとめ

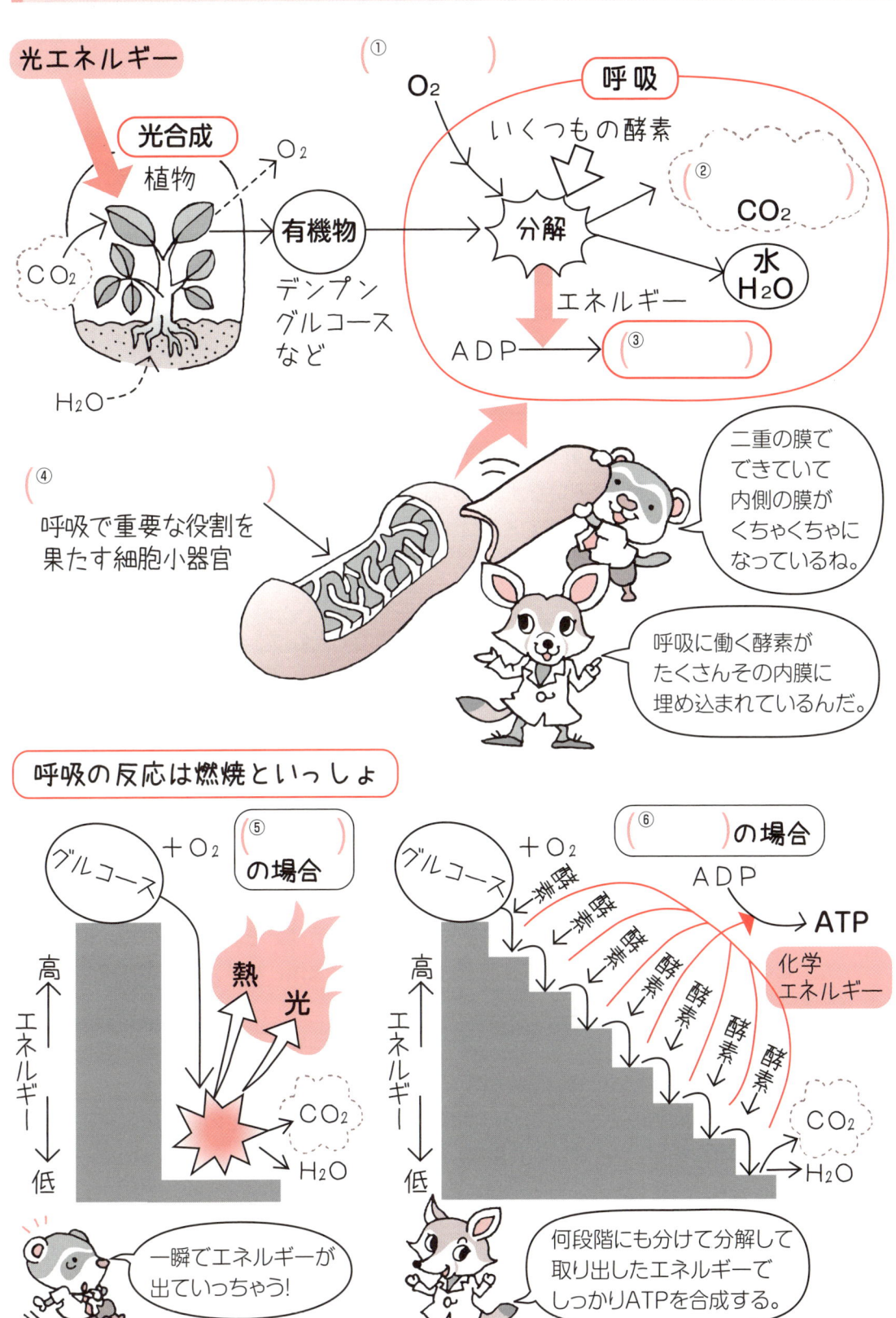

10 ミトコンドリアと葉緑体の起源

◎ミトコンドリアと葉緑体は，もとは別の生物

ミトコンドリアと葉緑体は，それぞれ次のような理由から，それを含む細胞とは異なる独立した生物であったと考えられています。

❶ ミトコンドリアと葉緑体は，核のDNAとは別の独自のDNAをもっています。
❷ ミトコンドリアと葉緑体は，細胞分裂とは関係なく分裂して増殖します。
❸ ミトコンドリアと葉緑体を包む二重膜の成分を調べると，外側の膜は細胞膜と共通していますが，内側の膜は異なっています。

◎ミトコンドリアと葉緑体の起源…共生説

❶ ミトコンドリアの起源は，好気性細菌（酸素を使って呼吸を行う細菌）であったと考えられています。この細菌が真核生物の祖先となる細胞に取り込まれ，やがてミトコンドリアになったと考えられています。

> ミトコンドリアをもたない細胞は，細胞質基質で酸素を用いずに有機物を分解してATPをつくります（呼吸を行うのとくらべて効率がすごくわるい！）。

❷ 葉緑体の起源は，シアノバクテリアであったと考えられています。シアノバクテリアが別の細胞に取り込まれ，細胞内で光合成を行うようになり，やがて葉緑体になったというわけです。

❸ はるか昔，核だけをもつ原始的な真核細胞に，まず，好気性細菌が取り込まれました。この好気性細菌は消化されずに細胞内で生き残りました。

❹ 2つの異なる種の生物どうしが一緒に生活することで一方または両方の生物に利益がある関係を共生といいます。真核細胞は好気性細菌が呼吸でつくったATPを利用し，好気性細菌は生きるのに好都合な環境や物質を得る共生関係が成立しました。やがて，好気性細菌は独立して生きる能力を失い，細胞小器官の1つ，ミトコンドリアとなりました。

❺ その後，ミトコンドリアをもつ真核細胞にシアノバクテリアを取り込むものが現れました。このシアノバクテリアも真核細胞と共生して，葉緑体となり，この真核細胞は有機物を合成する光合成の能力を手に入れました。

❻ こうしてミトコンドリアだけを取り込んだ細胞は動物細胞の祖先，ミトコンドリアと葉緑体を取り込んだ細胞は植物細胞の祖先になったと考えられています。

❼ このように真核細胞のミトコンドリアや葉緑体が他の原核生物との共生によって生じたのだという考えを共生説（細胞内共生説）といいます。共生説は，アメリカのマーグリスによって提唱されました。

ポイント！
★ 原始的な真核細胞に好気性細菌が共生→ミトコンドリア
★ 原始的な真核細胞にシアノバクテリアが共生→葉緑体

図解まとめ の答え　①好気性細菌　②ミトコンドリア　③シアノバクテリア　④葉緑体　⑤DNA

図解まとめ

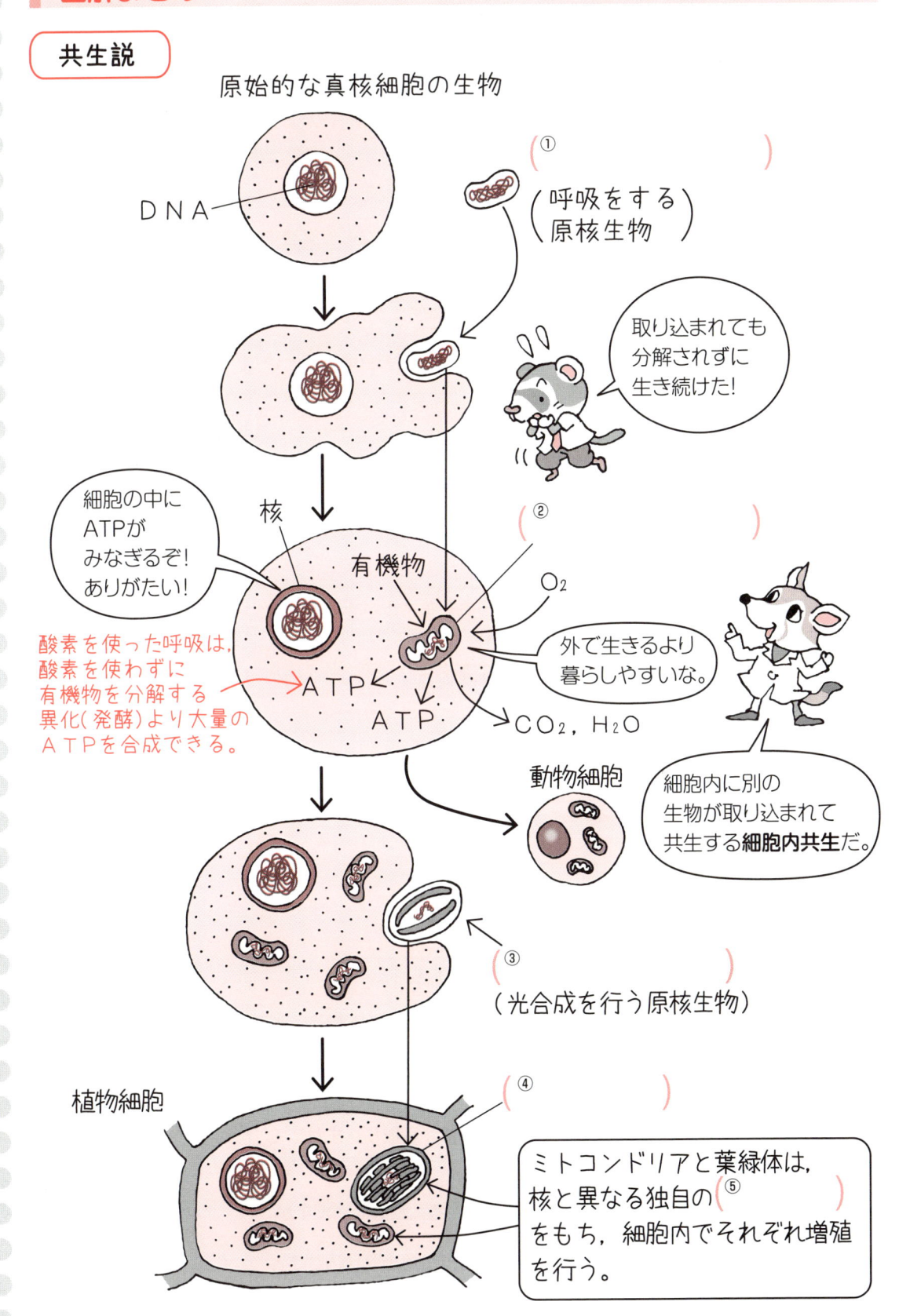

共生説

原始的な真核細胞の生物

DNA

① (　　　　　　　　　)
（呼吸をする原核生物）

取り込まれても分解されずに生き続けた！

核

細胞の中にATPがみなぎるぞ！ありがたい！

有機物

② (　　　　　　　　　)

O_2

ATP
ATP
CO_2, H_2O

酸素を使った呼吸は，酸素を使わずに有機物を分解する異化(発酵)より大量のATPを合成できる。

外で生きるより暮らしやすいな。

動物細胞

細胞内に別の生物が取り込まれて共生する**細胞内共生**だ。

③ (　　　　　　　　　)
（光合成を行う原核生物）

植物細胞

④ (　　　　　　　　　)

ミトコンドリアと葉緑体は，核と異なる独自の⑤(　　　　)をもち，細胞内でそれぞれ増殖を行う。

第1章 細胞と代謝

29

確認テスト 4

合格点：17問／27問 　　　　　　 問

解答→別冊 p.4

テストに出る**用語を確認！**

1 ◀わからなければ 8 へ

1. 光エネルギーを利用して二酸化炭素と水からデンプンなどの有機物を合成する代謝を何といいますか。

2. 光合成を行う植物細胞の細胞小器官を答えなさい。

3. 植物の光合成において光エネルギーを吸収する緑色の色素は何という色素ですか。

4. 光合成で発生する気体は何ですか。（水蒸気以外で）

5. 光合成でデンプンを合成する直接のエネルギーは，何という物質から供給されますか。

2 ◀わからなければ 9 へ

6. 酸素を用いて体内の有機物を分解し，得られたエネルギーで ATP を合成する代謝を何といいますか。

7. ⑥で酸素を使って分解される有機物として最もよく利用される炭水化物は何ですか。

8. 呼吸の場として重要な細胞小器官は何ですか。

9. 呼吸と燃焼の共通点は何ですか。

10. 呼吸と燃焼の反応にはどういった違いがありますか。

11. 呼吸と光合成の反応経路で共通していることは何ですか。

3 ◀わからなければ 10 へ

12. 真核細胞の祖先となる原始的な細胞に何が外部から取り込まれてミトコンドリアができたと考えられていますか。

13. 植物細胞の葉緑体は何がもとになって生じたと考えられていますか。

14. 真核生物のミトコンドリアや葉緑体が他の原核生物を取り込むことで生じたという説を何といいますか。

テストに出る図を確認！

1. 光合成 ◀わからなければ❽へ

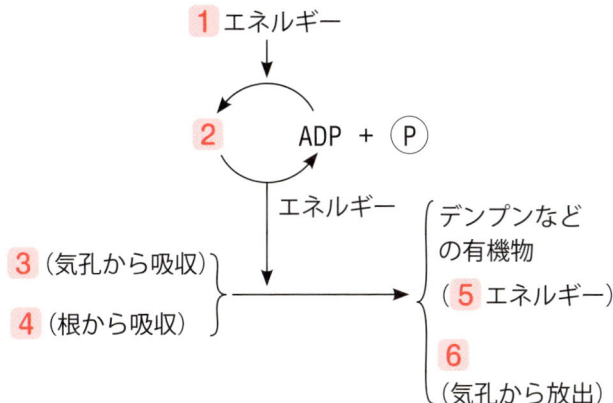

1. ＿＿＿＿＿＿エネルギー
2. ＿＿＿＿＿＿
3. ＿＿＿＿＿＿
4. ＿＿＿＿＿＿
5. ＿＿＿＿＿＿エネルギー
6. ＿＿＿＿＿＿

第1章 細胞と代謝

2. 呼 吸 ◀わからなければ❾へ

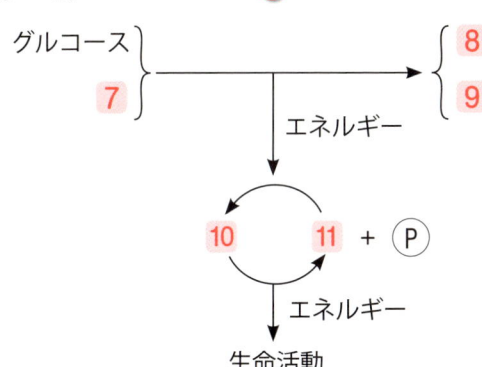

7. ＿＿＿＿＿＿
8. ＿＿＿＿＿＿
9. ＿＿＿＿＿＿
10. ＿＿＿＿＿＿
11. ＿＿＿＿＿＿

3. 共生説 ◀わからなければ❿へ

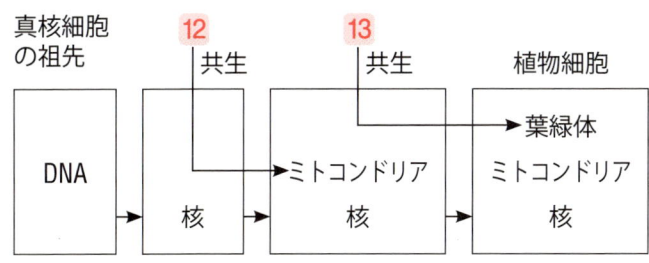

12. ＿＿＿＿＿＿
13. ＿＿＿＿＿＿

11 遺伝情報と DNA

◎遺伝情報

❶ 親子がよく似ていることを例えて「**カエルの子はカエル**」と言ったり，平凡な親から優秀な子が産まれないことを「**瓜のつるに茄子はならぬ**」と言ったりします。なぜカエルの子はカエルに成長して，ウリのつるにはナスの実がならないのでしょうか。

❷ カエルはカエルの**遺伝情報**によりカエル特有のからだになり，ウリはウリの遺伝情報によりウリになります。そして，この遺伝情報は親から子に正確に伝わるので「カエルの子はカエル」なのです。この遺伝情報はどこにあって，どのように働くのでしょう。

❸ 生物の細胞には遺伝情報を担っている物質があります。この物質は，真核細胞では<u>核の中にあり，原核生物では細胞質基質の中</u>にあります。生物はそれぞれの細胞がその物質の遺伝情報を読み取ってその種固有のからだをつくり，代謝を行います。

> ただし，同種の生物でも個体ごとに遺伝情報が一部異なり，子は両親から遺伝情報の物質を半分ずつ受け継いでいるので，親子でも遺伝情報がまったく同じにはなりません。

❹ 多くの生物は，精子・卵・花粉などの生殖のための細胞（**配偶子**）をつくり，それらの合体（**受精**）によって，次の代の子をつくります。<u>遺伝情報は配偶子によって親から子に正確に伝えられます</u>。

❺ また，からだをつくる細胞（体細胞）が分裂するとき，遺伝情報はもとの細胞から分裂後の2つの細胞に正確に伝えられ，<u>分裂後の2つの細胞は分裂前の細胞とまったく同じ遺伝情報をもっています</u>。

> 配偶子をつくるときは遺伝情報の物質が半分になる分裂（減数分裂）が起こり，受精でもとの量に戻ります。

◎ DNA

❶ 遺伝情報を担っているのは **DNA** という物質です。<u>DNA は，すべての生物に共通した物質です</u>。

> すべての生物がDNAを遺伝物質としていることは，すべての生物が共通の祖先から別れて進化してきたことを示す証拠といえます。

❷ DNA は，**ヌクレオチド**という物質が構成単位となり，これが鎖状につながった巨大分子です。

❸ ヌクレオチドは塩基という部分の違いにより4種類あります。**A**（アデニン），**T**（チミン），**G**（グアニン），**C**（シトシン）です。

❹ ヌクレオチドが1列の鎖状につながったとき，<u>ヌクレオチドの4種類ある塩基がどのような順序で並んでいるか</u>（**塩基配列**）が遺伝情報を表しています。つまり，遺伝情報は，A，T，G，C の4文字で書かれています。

ポイント！
★ **DNA** は，遺伝情報を担う物質であり，すべての生物に共通している。
★ **DNA** を構成するヌクレオチドの**塩基配列**が**遺伝情報**となっている。

図解まとめ の答え　①核　②DNA　③A,T,G,C（順不同）

図解まとめ

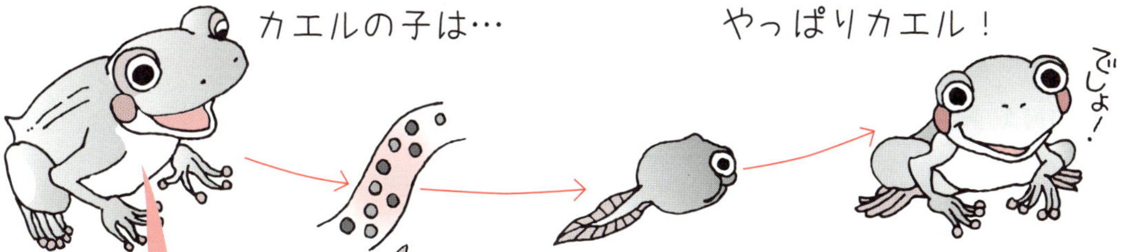
カエルの子は…
やっぱりカエル！
でしょ！

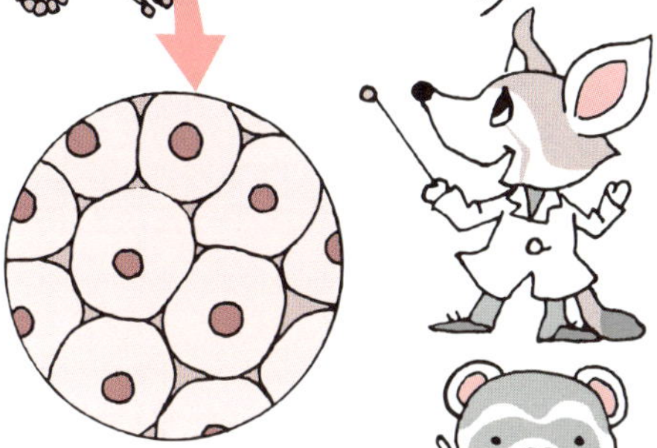

からだをつくり，生命活動を行うための**遺伝情報**は，細胞の（①　　　）の中に保持されているんだよ。

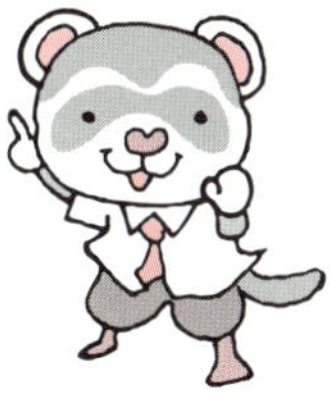

その遺伝情報を担う物質が（②　　　　　）！

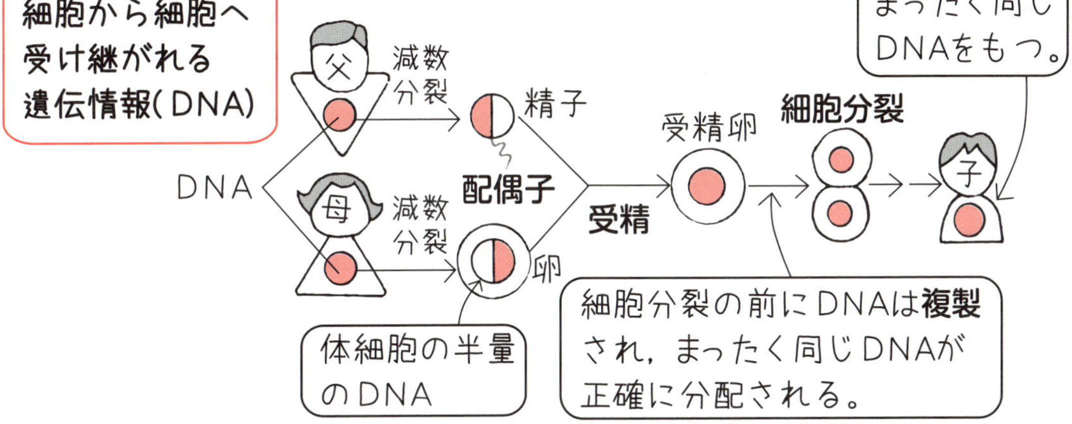
親から子へ
細胞から細胞へ
受け継がれる
遺伝情報（DNA）
すべての
体細胞が
受精卵と
まったく同じ
DNAをもつ。
DNA
父
母
減数
分裂
減数
分裂
精子
卵
配偶子
受精
受精卵
細胞分裂
子
体細胞の半量
のDNA
細胞分裂の前にDNAは複製
され，まったく同じDNAが
正確に分配される。

DNAの遺伝情報は（③　　・　　・　　・　　）4種類の**塩基**の配列で表される。

ヌクレオチド
A
塩基
C
G
T
塩基?A,C,G,T??
いったい何ですか?
ATTCGGGATCCATA
次のページで
もう少しくわしく
学習しよう。

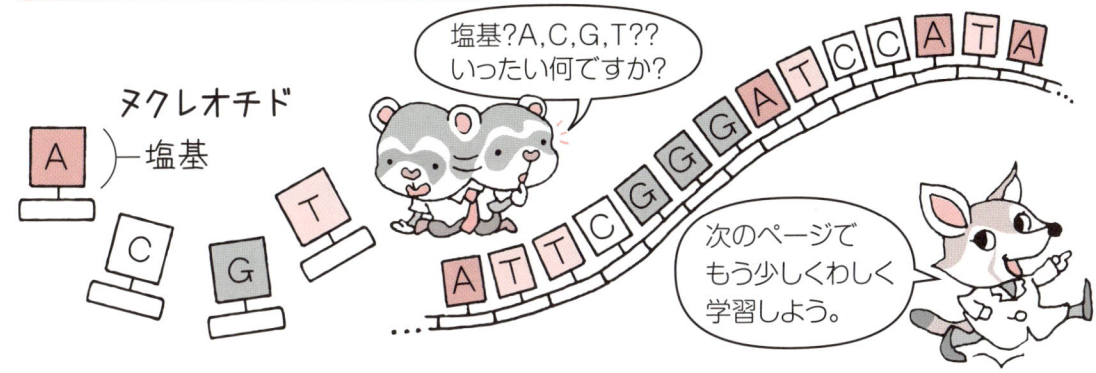

12 DNAの構造

◎ DNAとヌクレオチド

❶ **DNA**は、**ヌクレオチド**が多数つながった鎖状の分子です。
❷ **ヌクレオチド**は**塩基**、**糖**、**リン酸**の3つの部分からできています。DNAのヌクレオチドの糖は**デオキシリボース**といいます。
❸ DNAのヌクレオチドの塩基は、**A（アデニン）**、**T（チミン）**、**G（グアニン）**、**C（シトシン）**の4種類があります。

> 「DNA」は、**デオキシリボ核酸**という物質名を略したよび名です。核に含まれる酸性の物質ということから核酸と名付けられました。

◎ 二重らせん構造

❶ DNAは、ヌクレオチドどうしが**糖とリン酸の部分で次々につながった**ヌクレオチド鎖でできています。
❷ DNA分子は、2本のヌクレオチド鎖が**塩基どうしで結合してはしご状になり**、それが規則的にねじれて、**二重らせん構造**をとっています。
　[解説] 塩基どうしは、**水素結合**という弱い結合で結合しています。
❸ DNAがこのような構造であることを提唱した研究者は、**ワトソン**と**クリック**です（1953年に発表）。

> **ワトソンとクリック**は、X線を用いてDNA分子の形を調べたウィルキンスとともにノーベル生理学・医学賞を受賞しました（1962年）。

◎ 塩基の相補性

❶ 2本のヌクレオチド鎖は、塩基どうしで結合していますが、結合する組み合わせが決まっています。それは**AとT**、**GとC**の組み合わせです。このように2本のヌクレオチド鎖の間で、塩基が向かい合って結合している部分を**塩基対**といいます。
❷ 塩基どうしで結合する相手が決まっているので、一方が決まればそれと対になる塩基が自動的に決まってきます。このような塩基どうしの関係を**相補的**な関係といいます。
❸ シャルガフは、さまざまな生物のDNAを分析し、生物によってA、T、G、Cの割合は違っていても、**どの生物でもAとT、GとCの割合が等しい**ことを発見しました（1949年）。この発見が、塩基がDNA分子の中で相補的に結合していることを示し、そしてDNA分子の二重らせん構造の解明につながりました。

ポイント！

★ DNAの構造：**二重らせん構造**
★ DNAの構成単位：**ヌクレオチド**＝リン酸＋糖＋塩基
★ DNAの塩基は**A（アデニン）**、**T（チミン）**、**G（グアニン）**、**C（シトシン）**の4種類。**AとT**、**GとC**がそれぞれ結合する。

34　図解まとめ の答え　①糖　②塩基　③T　④C　⑤相補　⑥二重らせん

図解まとめ

ヌクレオチド

リン酸 — デオキシリボース① — 塩基②（　　　）
- A アデニン
- T チミン
- G グアニン
- C シトシン

ヌクレオチド鎖

糖とリン酸の部分で結合して鎖をつくる。

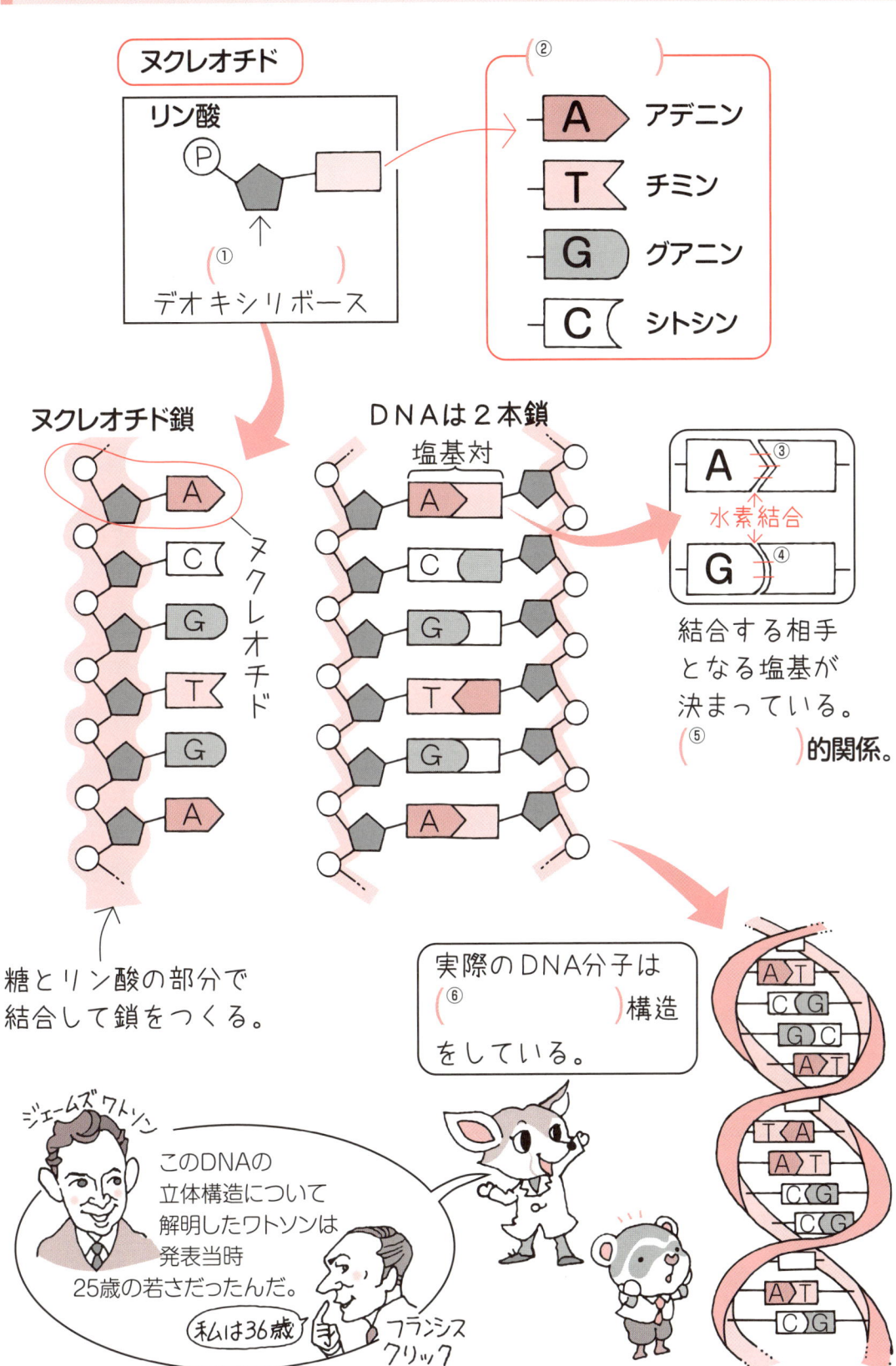

DNAは2本鎖

塩基対

A③ = T
G④ ≡ C

結合する相手となる塩基が決まっている。⑤（　　　）的関係。

実際のDNA分子は⑥（　　　）構造をしている。

ジェームズワトソン：このDNAの立体構造について解明したワトソンは発表当時25歳の若さだったんだ。

フランシスクリック：私は36歳

第2章 DNAの働き

35

確認テスト 5

合格点：19問／31問

解答→別冊 p.5

テストに出る**用語を確認！**

1 わからなければ 11 へ

1. 遺伝情報を担う物質は地球上のすべての生物で共通しています。この遺伝物質とは何ですか。

2. DNA は真核細胞内のどこにありますか。

3. DNA は原核細胞内のどこにありますか。

4. DNA の構成単位となっている物質を何といいますか。

5. DNA の遺伝情報は，DNA 分子内にどのような状態で保持されているのですか。

6. DNA のヌクレオチドを構成する塩基の種類をすべてあげなさい。

2 わからなければ 12 へ

7. DNA のヌクレオチドを構成する 3 つの成分は，塩基，糖とあと 1 つ何ですか。

8. DNA のヌクレオチドの糖は何という糖ですか。

9. DNA 分子の立体構造は何とよばれていますか。

10. DNA が 9 の構造であることをつきとめた科学者 2 人の名前を答えなさい。

11. DNA 分子は 2 本のヌクレオチド鎖の塩基どうしが弱い結合で結合してできています。その弱い結合は何結合といいますか。

12. DNA の塩基のように，一方が決まれば，対になっている他方も自動的に決まる関係を何といいますか。

13. DNA でアデニンと 12 の関係にある塩基は何ですか。

14. シャルガフが，DNA の成分を解析して発見した，DNA 分子内の塩基に見られる法則性とはどのようなことですか。

> テストに出る**図を確認**！

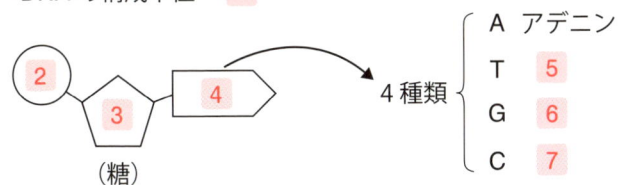

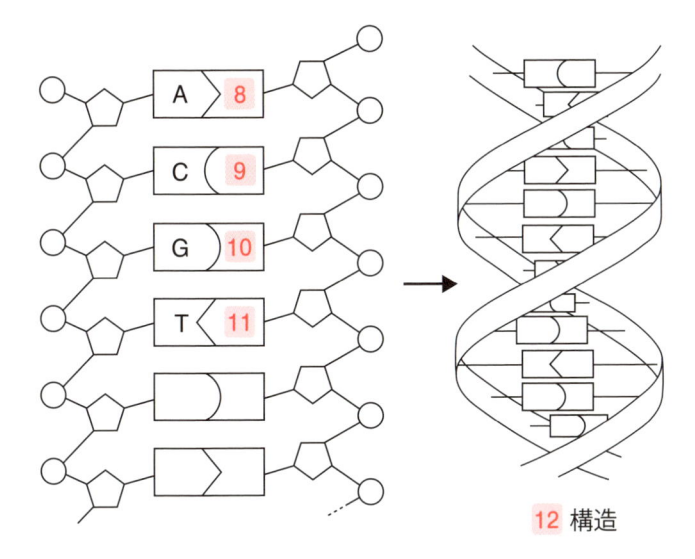

1. DNAの構造 ◀わからなければ 11 , 12 へ

DNAの構成単位＝ 1

2 - 3 (糖) - 4 → 4種類 { A アデニン / T 5 / G 6 / C 7 }

A 8
C 9
G 10
T 11

12 構造

2. DNAの塩基組成 ◀わからなければ 12 へ

	A	T	G	C
ヒトの肝臓	30%	13 %	14 %	20%
大腸菌	24%	15 %	16 %	17 %

1 _____
2 _____
3 _____
4 _____
5 _____
6 _____
7 _____
8 _____
9 _____
10 _____
11 _____
12 _____ 構造
13 _____ %
14 _____ %
15 _____ %
16 _____ %
17 _____ %

第2章　DNAの働き

13 遺伝情報とタンパク質

◎タンパク質とその働き

❶ タンパク質は，主要な栄養素の1つとして私たちがからだに取り入れなければならない重要な物質ですが，生物のからだに含まれているタンパク質は，非常にたくさんの種類があり，それぞれ生命現象を支える大切な働きをしています。

❷ ヒトは約10万種類のタンパク質をもつといわれ，おもな働きをあげると次のようなものがあります。

体内の膨大な種類の化学反応に関わる！

働き	例	働き	例
代謝(同化や異化)を促進する	酵素(アミラーゼ，ATP合成酵素)	生物体を形づくる	コラーゲン
		恒常性の維持	ホルモン(インスリン)
体内に侵入した病原体などの除去	抗体(免疫グロブリン) → p.100	筋肉の収縮	アクチン，ミオシン
		酸素の運搬	ヘモグロビン→ p.62

◎タンパク質はアミノ酸でできている

❶ タンパク質は，アミノ酸が鎖状につながった物質です。アミノ酸とは，どのような物質なのでしょう。

❷ 料理で使うコンブの「だし」やうま味調味料の成分であるグルタミン酸は，アミノ酸の一種です。また，栄養ドリンクに含まれるアルギニンやアスパラギンもアミノ酸です。「アミノ酸入り」と表示されたシャンプーや化粧品も見かけます。また，このように食品や日常品など身近なものにアミノ酸は含まれています。

❸ 生体のタンパク質を構成するアミノ酸には20種類あり，この20種類はすべての生物で共通してます。

> タンパク質を構成するアミノ酸の種類がすべての生物で共通であることは，生物の祖先が共通であることを示しています。

❹ どのような種類のアミノ酸が，いくつ，どのような順番で並んでいるかによって，タンパク質の種類が変わります。

❺ タンパク質は，細胞内でDNAの遺伝情報にもとづいて合成されます。
このときDNAの塩基配列により，タンパク質を構成するアミノ酸の種類，数，配列順が決まります。

ポイント！
- ★ タンパク質にはさまざまな種類があり，生命活動を支えている。
- ★ タンパク質は，アミノ酸が鎖状につながって構成された物質である。
- ★ タンパク質の種類によってアミノ酸のつながり方が異なり，そのアミノ酸のつながり方を決めているのは，DNAの塩基配列である。

図解まとめ の答え ①アミノ酸 ②DNA ③塩基配列 ④$20^{10}$

図解まとめ

さまざまなタンパク質

酵素 — 代謝を促進

ホルモン — 細胞や器官の働きを調節

アクチンとミオシン — 筋収縮

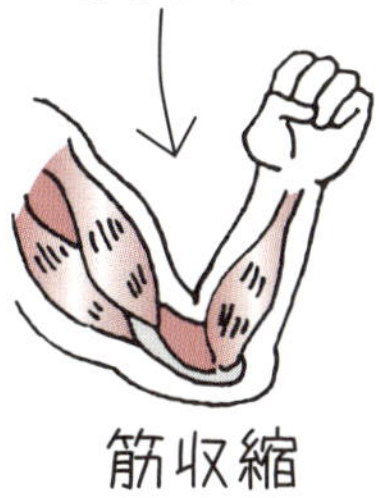

抗体 — 生体防御（病原体）

ヘモグロビン — 酸素の運搬

タンパク質は働く物質なんだね。

タンパク質は（ ① ）が鎖状につながってできている。

多くのタンパク質では100〜500個が連結。

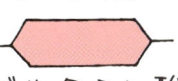

アミノ酸 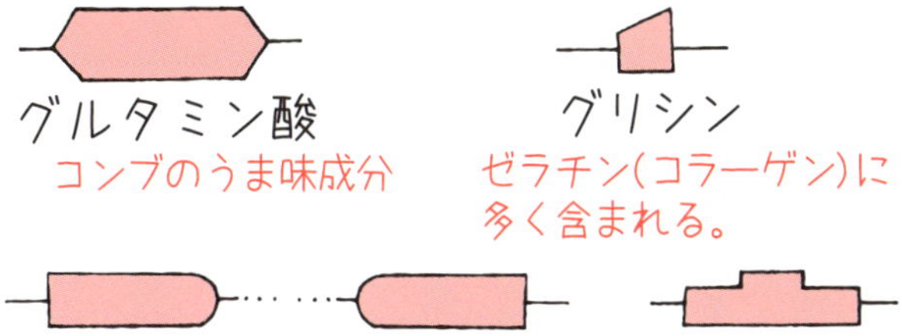
- グルタミン酸 — コンブのうま味成分
- グリシン — ゼラチン（コラーゲン）に多く含まれる。
- アスパラギン、アルギニン — 栄養ドリンクの成分に使われる。
- システイン — 大部分のタンパク質に含まれる。

などなど

タンパク質の成分となるアミノ酸は**20種類**。

アミノ酸の並び順によって異なるタンパク質になる。

この順番や数は（ ② ）の（ ③ ）が決めている。

アミノ酸10個がつながった場合、その組み合わせは（ ④ ）＝約10兆通り！

つまり**遺伝情報**はタンパク質をつくる設計書。

遺伝情報 DNAの塩基配列

```
A T G C T T A C C
T A C G A A T G G
```

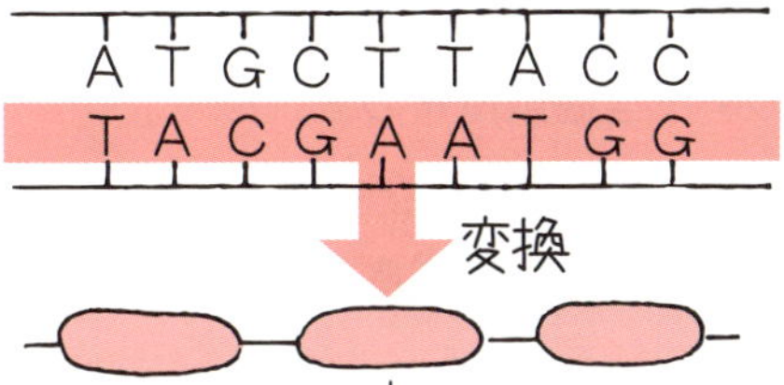

2本鎖のうち片方の塩基配列が遺伝情報として機能する。

↓変換

アミノ酸の配列

↓

タンパク質の性質，働き ⇒ 代謝やからだづくり

第2章　DNAの働き

14 タンパク質の合成

◎遺伝情報とタンパク質

　遺伝情報は，DNAの塩基配列として記されています。DNAの塩基配列はタンパク質のアミノ酸配列に変換され，さまざまなタンパク質が合成されます。それらのタンパク質の働きによって生命活動が行われることで，生物の遺伝的特徴が現れるのです。
　では，DNAの塩基配列からどうやってタンパク質が合成されるのでしょう。

◎RNA（リボ核酸）

❶ DNAの塩基配列からタンパク質が合成されるには，もう1つの核酸である RNA（リボ核酸）が遺伝情報の仲介を行います。

❷ RNAは，DNAと同様にヌクレオチドからなる物質ですが，次の点でDNAとは異なります。
　・糖はデオキシリボースではなく，リボースです。
　・塩基は A（アデニン），U（ウラシル），G（グアニン），C（シトシン）の 4 種類。
　・二重らせん構造ではなく，ヌクレオチドが 1 本の鎖状につながっています（1本鎖）。

❸ DNAの塩基と同じく G と C は相補的な関係があり，U は A と相補的に結合します。

◎タンパク質の合成

❶ DNAの遺伝情報からタンパク質が合成される際には，まず，細胞の核の中でDNAの塩基配列がRNAに写し取られます。

❷ DNAの二重らせんが一部分ほどけ，その一方のヌクレオチド鎖の塩基に，相補的なRNAのヌクレオチドが結合します。このRNAのヌクレオチドどうしが連結すると，DNAの塩基配列を写し取ったRNAの1本鎖ができあがります。この過程を転写といいます。

❸ 転写によってできた RNA は核の外に出ていきます。核の中にある DNA にかわって遺伝情報を核の外に伝えるこの RNA を mRNA（伝令 RNA）といいます。

> mRNAのmは，メッセンジャー（伝令）の頭文字。

❹ 核の外で mRNA の塩基配列にしたがってアミノ酸が順に結合され，タンパク質が合成されます。この過程を翻訳といいます。

　解説　mRNAの連続した3つの塩基配列が1組となり1つのアミノ酸を指定しています。

❺ このようにして遺伝情報は，DNA → RNA → タンパク質と一方向に伝達され，タンパク質が合成されます。このような遺伝情報の流れをセントラルドグマといいます。

ポイント！
★ DNAの遺伝情報…細胞で合成されるタンパク質のアミノ酸配列を指定する。
　　　　　　　　　転写　　　　　　翻訳
★ DNAの塩基配列 ⇨ RNAの塩基配列 ⇨ タンパク質のアミノ酸配列

図解まとめ の答え　①RNA　②ヌクレオチド　③糖　④A・U・G・C　⑤転写　⑥翻訳

図解まとめ

遺伝情報 DNAの塩基配列 → タンパク質のアミノ酸配列 ⇒ 形態形成 生命活動

ここで働く物質
（① 　　　　）(リボ核酸)…DNAと同様に（② 　　　　　　）が多数つながってできている。

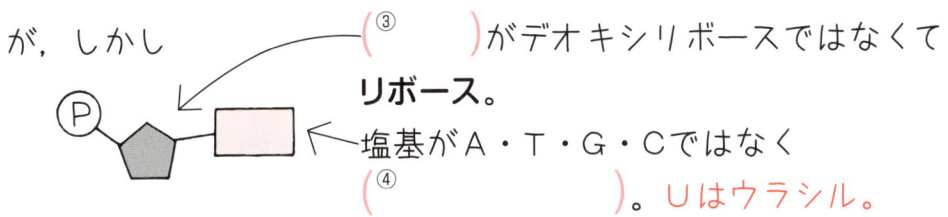

が，しかし（③ 　　　　）がデオキシリボースではなくて**リボース**。

←塩基がA・T・G・Cではなく（④ 　　　　　　　　）。**U**は**ウラシル**。

DNAは二重らせん（2本鎖）だが**RNAは1本鎖**。

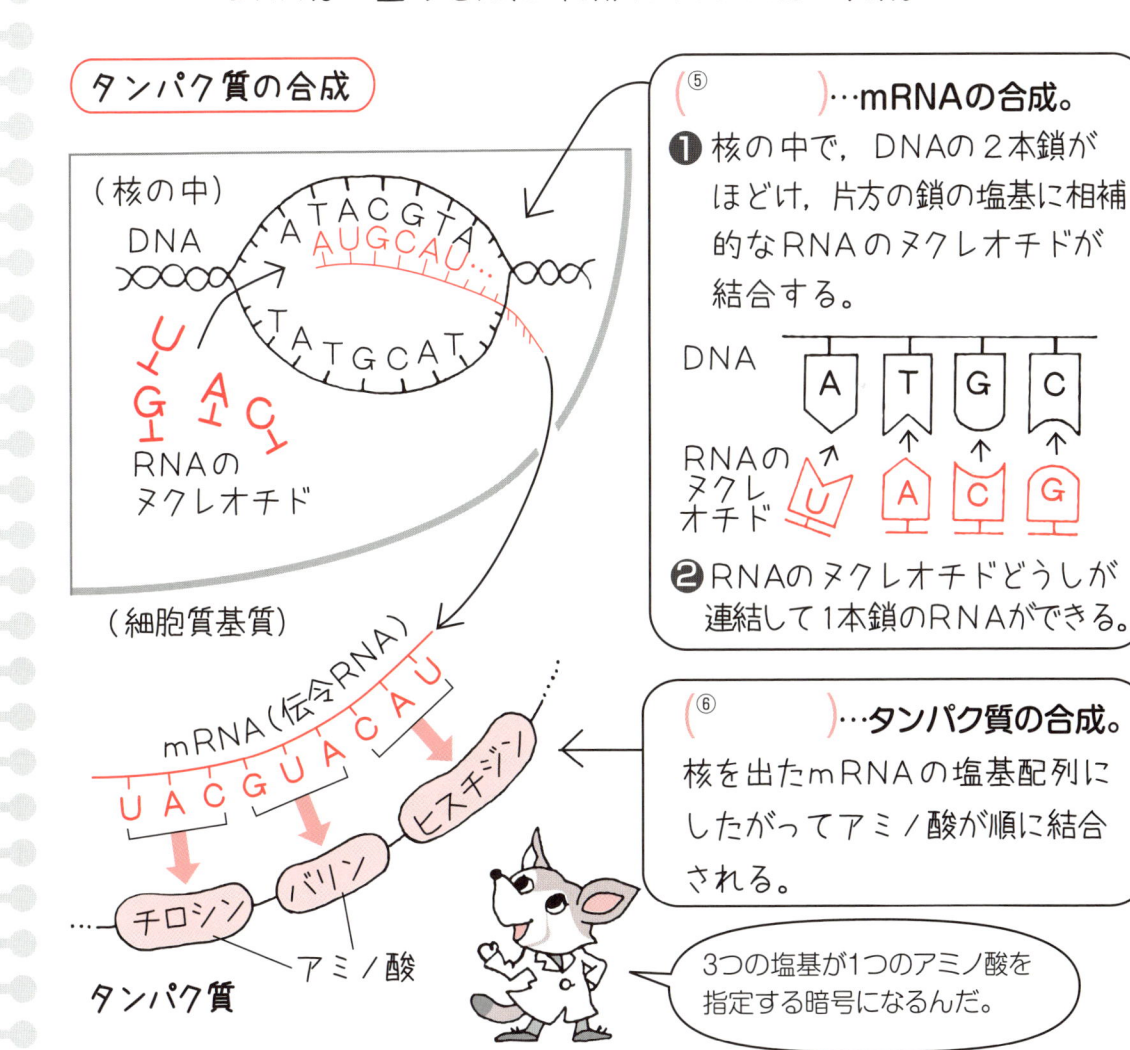

タンパク質の合成

（核の中）
DNA　ATACGTA / AUGCAU… / TATGCAT
RNAのヌクレオチド　UGTACG

（細胞質基質）

mRNA(伝令RNA)　UACGUACAU
→チロシン－バリン－ヒスチジン
アミノ酸
タンパク質

（⑤ 　　　　　　）…mRNAの合成。

❶ 核の中で，DNAの2本鎖がほどけ，片方の鎖の塩基に相補的なRNAのヌクレオチドが結合する。

DNA　A T G C
RNAのヌクレオチド　U A C G

❷ RNAのヌクレオチドどうしが連結して1本鎖のRNAができる。

（⑥ 　　　　　　）…**タンパク質の合成**。
核を出たmRNAの塩基配列にしたがってアミノ酸が順に結合される。

3つの塩基が1つのアミノ酸を指定する暗号になるんだ。

第2章 DNAの働き

41

確認テスト 6

合格点：17問／27問

テストに出る**用語を確認**！

1 わからなければ 13 へ

[1] 生体内で，代謝，免疫，酸素の運搬，筋肉の収縮など，生命活動に関わっている重要な物質は何ですか。

[2] タンパク質の構成単位となっている有機物は何ですか。

[3] 生体のタンパク質を構成する[2]は，何種類ありますか。

[4] タンパク質の種類は，構成する[2]の配列によって決まりますが，それを決める遺伝情報は DNA にどのような形で保持されていますか。

2 わからなければ 14 へ

[5] RNA のヌクレオチドを構成する糖は何という糖ですか。

[6] RNA を構成する塩基の種類をすべて答えなさい。

[7] DNA と RNA の構造上の違いを答えなさい。

[8] DNA の塩基配列をもとに RNA（mRNA）を合成する過程を何といいますか。

[9] DNA の塩基アデニンと相補的な関係にある RNA の塩基は何ですか。

[10] DNA のある部分の塩基配列が GTGACA のとき，[8]によって合成される RNA の塩基配列を答えなさい。

[11] RNA（mRNA）の塩基配列をもとにアミノ酸の鎖（ポリペプチド）が合成される過程を何といいますか。

[12] [11]のとき，1つのアミノ酸を指定するのに必要な RNA の塩基の数は何個ですか。

[13] DNA → RNA →タンパク質という一方向の遺伝情報の流れを何といいますか。

テストに出る図を確認！

1. DNAとRNA　◀わからなければ 14 へ

		DNA	RNA
分子構造		1 本鎖	2 本鎖
ヌクレオチド	リン酸	リン酸	リン酸
	糖	3	4
	塩基	A　アデニン 5 G　グアニン C　シトシン	A　アデニン 6 G　グアニン C　シトシン

1 _____ 本鎖
2 _____ 本鎖
3 _____
4 _____
5 _____
6 _____

第2章　DNAの働き

2. タンパク質の合成　◀わからなければ 14 へ

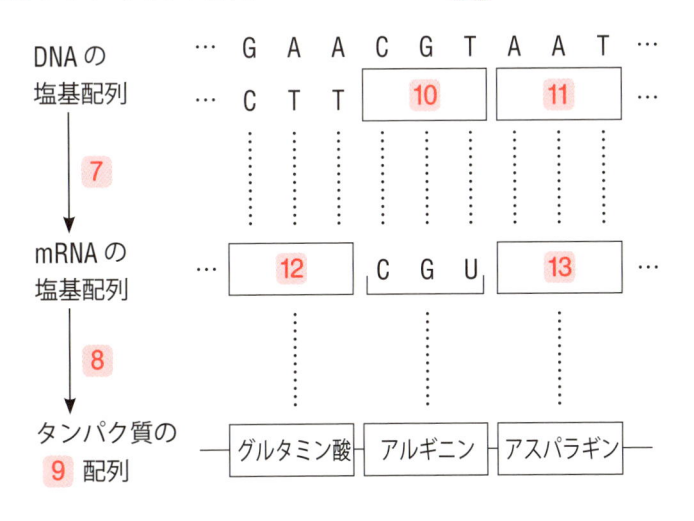

DNAの塩基配列　　…G A A C G T A A T…
　　　　　　　　…C T T [10] [11]…
　　↓ 7
mRNAの塩基配列　…[12] C G U [13]…
　　↓ 8
タンパク質の 9 配列　─グルタミン酸─アルギニン─アスパラギン─

このような遺伝情報の流れを 14 という。

7 _____
8 _____
9 _____ 配列
10 _____
11 _____
12 _____
13 _____
14 _____

43

15 DNAの複製と遺伝情報の分配

◎染色体

❶ ヒトの1個の体細胞の核にあるDNAの総延長は約2mにもなります。わずか数μmの球状の核の中に，2mものDNAが入っているのです。

❷ ヒトなどの真核生物では，DNAは核の中で**ヒストン**というタンパク質に巻きついた状態で存在します。これが**染色体**です。各染色体に含まれるDNAは，切れ目のない1本のDNA分子で，1個の体細胞に含まれる染色体の数は，生物の種によって一定です。

> ヒトでは，1個の体細胞に**46本**の染色体が含まれています。

❸ 染色体は，通常は糸状で核の中全体に分散していますが，細胞分裂のときには何重にも折りたたまれて凝縮し，太いひも状になります。

◎細胞分裂とDNAの複製・分配

❶ からだをつくる細胞は，体細胞分裂をして新しい細胞をつくっています。体細胞分裂をくり返す細胞では，細胞分裂を行う**分裂期**（M期）と分裂のための準備を行う**間期**のくり返しが見られ，この周期性を**細胞周期**といいます。

❷ 分裂期は，細胞内の染色体のようすから**前期・中期・後期・終期**に分けられます。また，間期は，**DNA合成準備期**（G_1期）・**DNA合成期**（S期）・**分裂準備期**（G_2期）に分けられます。

❸ 間期のDNA合成期に，DNAは複製されます。DNAの複製では，塩基の相補性にもとづいて，1つのDNA分子が，もと同一の塩基配列をもつ2つのDNA分子に複製されます。つまり，DNAの量が2倍になります。

❹ 複製されたDNAは，タンパク質とともに**染色体**を形成し，分裂期には染色体は凝縮して太いひも状になります。

❺ 体細胞分裂の後期には，各染色体が2分され，娘細胞の核に均等に分配されます。

❻ その結果，2つの娘細胞には，母細胞とまったく同じ遺伝情報が分配されます。

> **重要ワード**
> **母細胞** 細胞分裂前の細胞。
> **娘細胞** 細胞分裂によってできた新しい細胞。

ポイント！
★ 真核細胞のDNAは，核の中でタンパク質とともに**染色体**として存在。
★ 細胞分裂の前にDNAは**複製**され，もとと同じ染色体2組に増える。
★ 体細胞分裂では，複製されたDNAが2つの娘細胞に均等に分配される。
 ⇨母細胞と2つの娘細胞の遺伝情報はまったく同じ。

図解まとめ の答え ①タンパク質 ②間期 ③複製

図解まとめ

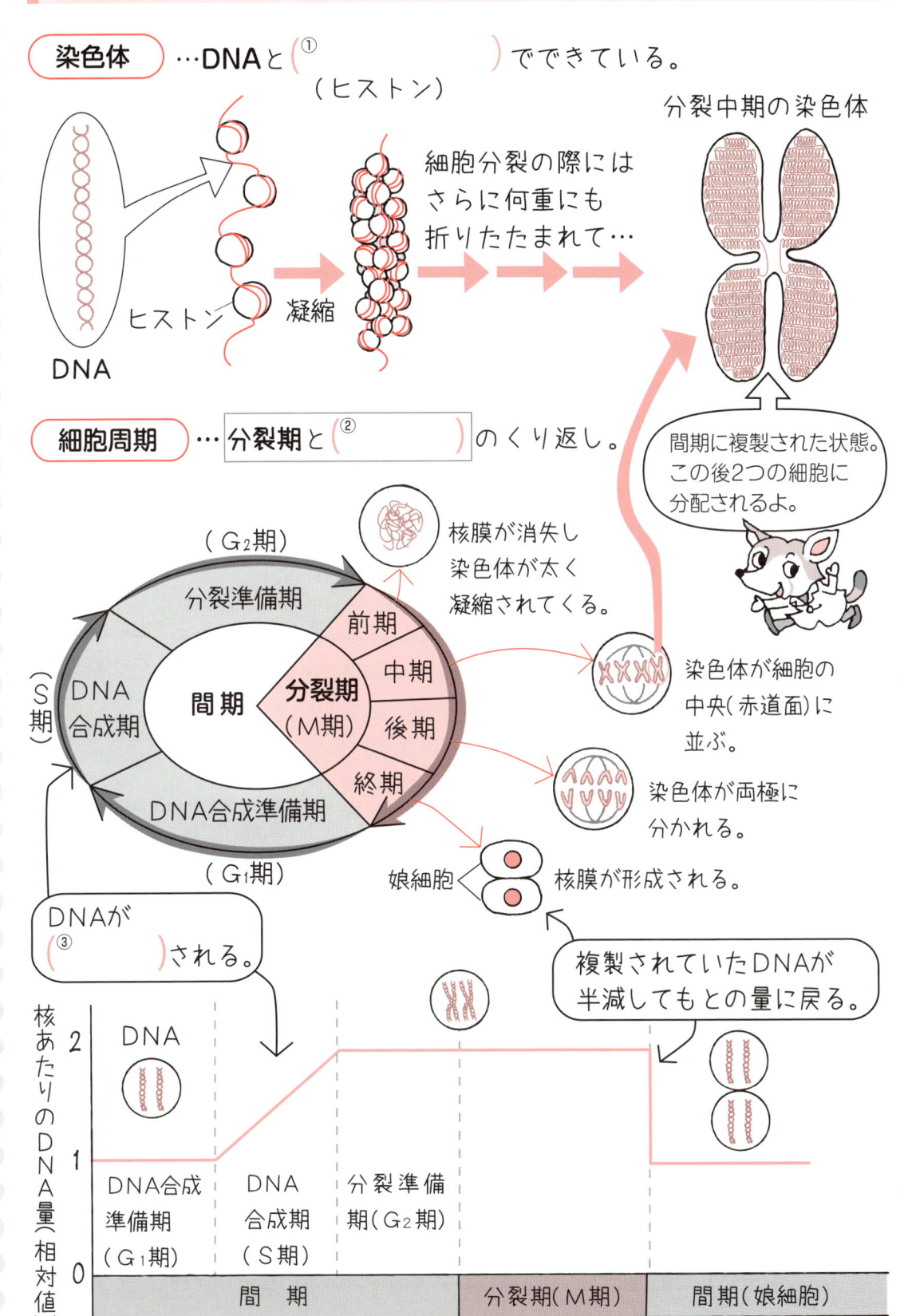

染色体 …DNAと（① ）でできている。
（ヒストン）

細胞分裂の際にはさらに何重にも折りたたまれて…

分裂中期の染色体

ヒストン　凝縮

DNA

細胞周期 …分裂期と（② ）のくり返し。

間期に複製された状態。この後2つの細胞に分配されるよ。

（G₂期）
分裂準備期
間期
DNA合成期（S期）
DNA合成準備期
（G₁期）
分裂期（M期）
前期／中期／後期／終期

核膜が消失し染色体が太く凝縮されてくる。

染色体が細胞の中央(赤道面)に並ぶ。

染色体が両極に分かれる。

娘細胞　核膜が形成される。

DNAが（③ ）される。

複製されていたDNAが半減してもとの量に戻る。

核あたりのDNA量（相対値）

DNA

| DNA合成準備期（G₁期） | DNA合成期（S期） | 分裂準備期（G₂期） |

間期 ／ 分裂期（M期） ／ 間期（娘細胞）

第2章　DNAの働き

45

16 分化した細胞の遺伝情報

◎細胞分裂と分化

❶ ヒトなどの多細胞生物のからだは，多様な形態や働きをもつ多数の細胞からできています。たとえば，ヒトの細胞には，筋肉の細胞（運動する）や神経細胞（伝える）などの約200種類があり，ヒトのからだは約60兆個の細胞からできているといわれています。

❷ このような多細胞生物のからだを形づくるさまざまな細胞も，もとは配偶子が2つ合体してできた受精卵のような1個の細胞が，**体細胞分裂をくり返して細胞の数を増やしていきながらできたもの**です。

> **重要ワード**
>
> **配偶子** 生殖細胞のうち，合体して新個体をつくるもの。卵や精子など。

❸ 多細胞生物が成長していく過程では，多くの細胞が細胞分裂をくり返すなかから，一部の細胞が細胞周期（→ p.44）を離れ，それぞれ特定の働きや形態をもつようになります。このように細胞分裂で生じた**細胞が特定の働きや形態をもつようになること**を**分化**といいます。

◎細胞ごとのDNAの働き

❶ 体細胞分裂では，母細胞のDNAが正確に複製され，娘細胞に均等に分配されるのでDNAの遺伝情報は変化しません。したがって，多細胞生物では，**1個体のすべての体細胞は受精卵と同じ遺伝情報をもっています**。

❷ すべての体細胞が同じ遺伝情報をもっているのにもかかわらず，細胞によって異なる働きや形態をもつようになるのは，**細胞ごとに全遺伝情報のなかから選択された特定の部分だけが発現している**からです。

> **重要ワード**
>
> **発現** 遺伝子の遺伝情報が生命活動や形態に現れること。つまりDNAの転写・翻訳が行われタンパク質が合成されること。

❸ たとえば，どの細胞もからだに必要なすべてのタンパク質を合成する遺伝情報をもっていますが，眼の水晶体（レンズ）の細胞ではクリスタリン，皮膚の細胞ではコラーゲン，赤血球ではヘモグロビンというように，**細胞によって異なるタンパク質が合成されます**。これは，**それぞれの細胞ごとに，遺伝情報全体のなかの異なる部分の遺伝情報が発現しているため**です。

❹ ただし，呼吸に関する酵素のように，細胞が生き続けるためにつねに必要なタンパク質の遺伝情報は，細胞の種類や時期にかかわらず発現しています。

ポイント！
- ★ 多細胞生物では，すべての細胞は，**受精卵と同じ遺伝情報**をもっている。
- ★ **分化**…細胞ごとに特定の働きや形態をもつようになること。
- ★ 分化した細胞では，遺伝情報の全体の中の特定の部分が発現している。

図解まとめ の答え　① 分化　② コラーゲン　③ クリスタリン

図解まとめ

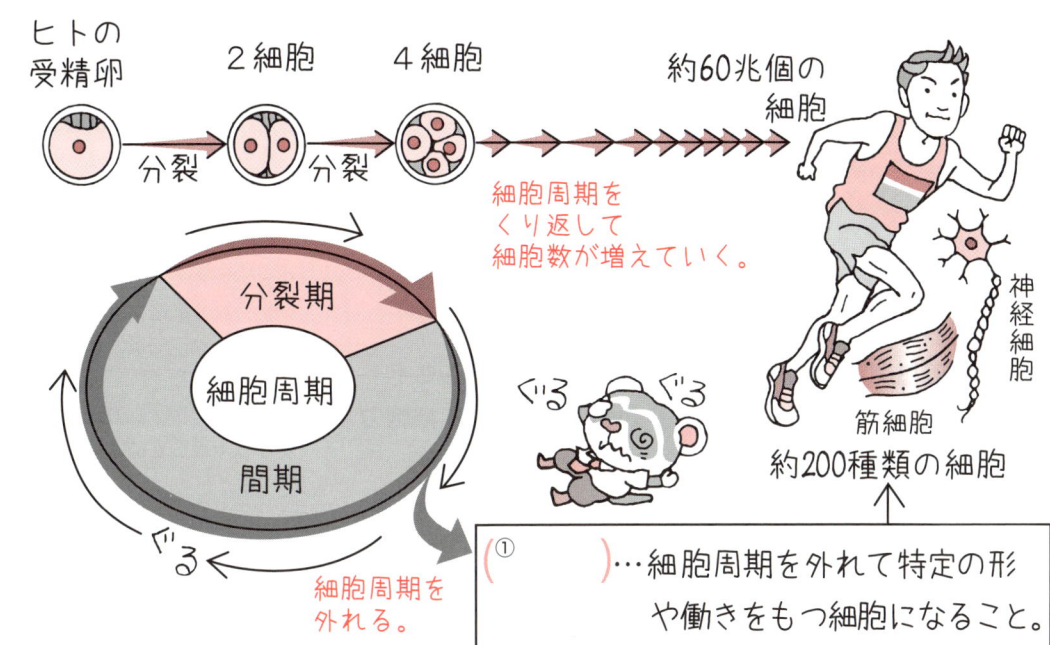

ヒトの受精卵 → 分裂 → 2細胞 → 分裂 → 4細胞 →→→→→ 約60兆個の細胞

細胞周期をくり返して細胞数が増えていく。

細胞周期：分裂期／間期

細胞周期を外れる。

約200種類の細胞：神経細胞、筋細胞

（①　　　　）…細胞周期を外れて特定の形や働きをもつ細胞になること。

細胞ごとのDNAの働き

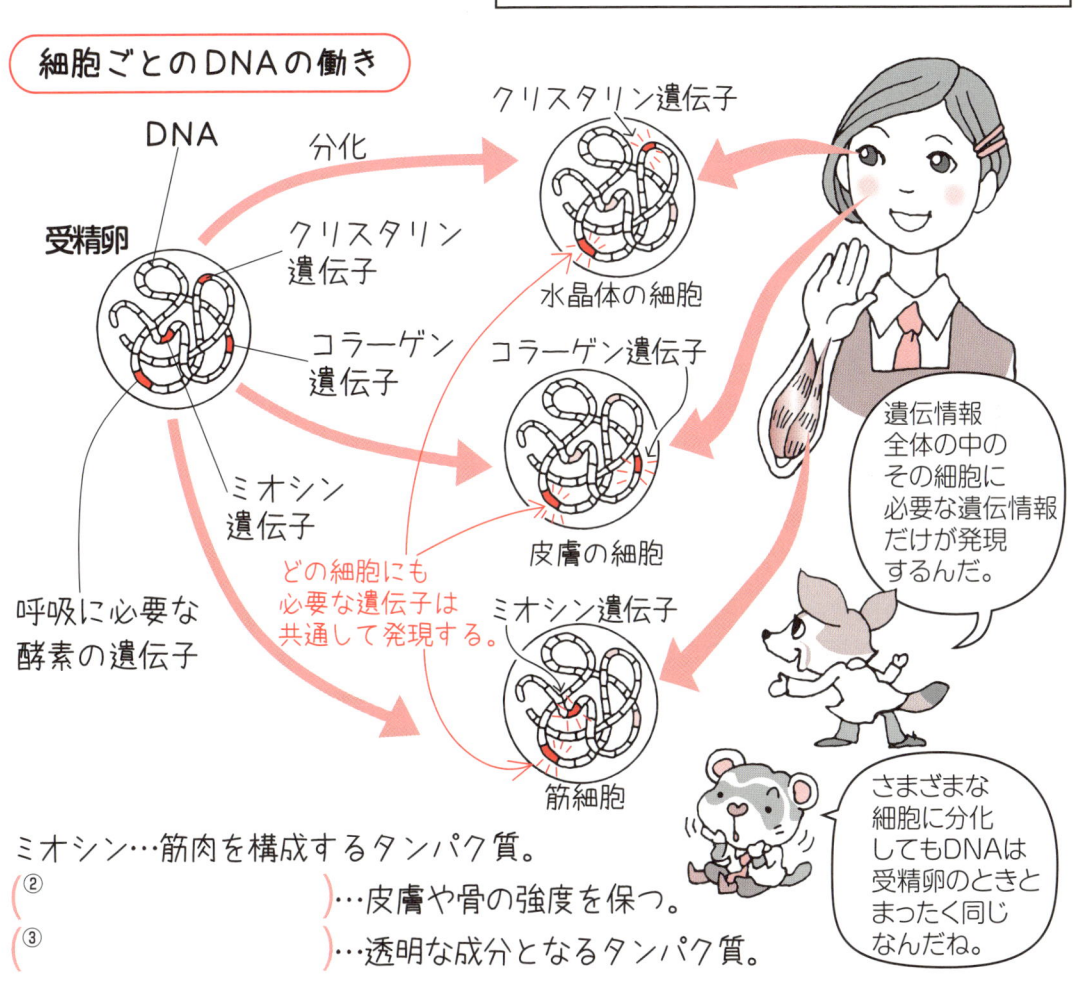

受精卵のDNA
- クリスタリン遺伝子
- コラーゲン遺伝子
- ミオシン遺伝子
- 呼吸に必要な酵素の遺伝子

分化 →
- 水晶体の細胞（クリスタリン遺伝子）
- 皮膚の細胞（コラーゲン遺伝子）
- 筋細胞（ミオシン遺伝子）

どの細胞にも必要な遺伝子は共通して発現する。

遺伝情報全体の中のその細胞に必要な遺伝情報だけが発現するんだ。

さまざまな細胞に分化してもDNAは受精卵のときとまったく同じなんだね。

ミオシン…筋肉を構成するタンパク質。
（②　　　　）…皮膚や骨の強度を保つ。
（③　　　　）…透明な成分となるタンパク質。

第2章　DNAの働き

47

17 ゲノムと遺伝情報

◎ゲノム

❶ ゲノムは，その生物の個体の形成や生命活動を営むのに必要なすべての遺伝情報をいいます。有性生殖を行う生物では，その生物の配偶子1個がもつ遺伝情報に相当します。
　　　　　　　　　　　← 精子・卵など

❷ 多くの生物では，体細胞に2セットのゲノムをもっています。これは両親から精子や卵のような生殖細胞の合体（受精）により1セットずつ受け継いだものです。

> **重要ワード**
>
> **有性生殖** 特別な生殖細胞（配偶子）が合体することによって新個体ができる生殖法。
>
> **減数分裂** 配偶子をつくる際に起こる細胞分裂。2度の分裂が続けて起こり，娘細胞の染色体数，ゲノムの数は母細胞から半減している。

```
父 ゲノム2セット → 精子 1セット ┐
      減数分裂                    ├→ 受精卵 → 子 ゲノム2セット
母 ゲノム2セット → 卵  1セット ┘ 受精
```

❸ ゲノムの大きさは，その生物のDNAの全塩基配列の塩基対の数で表されます。たとえば，ヒトのゲノムの大きさは30億塩基対です。← 1細胞のDNAは60億塩基対。

❹ 1つの遺伝子を，1つのタンパク質の合成に関わるひとまとまりの塩基配列とすると，真核生物では，ゲノム全体つまり全塩基配列のうち，遺伝子として働いている部分はごく一部です。ヒトの場合は1.5％程度に過ぎません。

❺ 原核生物では，ゲノム全体のうち，ほとんどの塩基配列が遺伝子として働きます。

◎ゲノムの解読と遺伝情報の利用

❶ 現在，いろいろな生物のゲノムの全塩基配列を解読し，全遺伝情報を明らかにする研究が行われています。既にイネやメダカやカイコなど100種を超える生物の全塩基配列が解読され，ヒトの全塩基配列は，2003年に解読が完了しています。

❷ ゲノムの解読によってタンパク質のアミノ酸配列がわかると働きも推測できるため，病気の原因解明や，薬品の開発などの研究が進められています。ゲノムは個人個人で一部違うため，患者個人の薬のききやすさに応じた処方を行う研究も行われています。

❸ 一方で，遺伝情報は，その人の体質に関する重要な個人情報です。そのため，個人の遺伝情報を扱う際には，プライバシーが厳重に保護される必要があります。

ポイント！
★ ゲノム＝生物の個体形成や生命活動を営むのに必要なすべての遺伝情報
　　　　＝生殖細胞（卵や精子）1個がもつDNAの全塩基配列
★ ヒトなどでは，遺伝子として働く塩基配列はゲノムの中の一部だけ。

図解まとめ の答え　①ゲノム　②46　③23　④23　⑤塩基対

図解まとめ

（① 　　　　　）…配偶子に含まれる全遺伝情報
　　　　　　　　　　　　　　　← DNAの塩基配列

ヒトの染色体数は
（② 　　）本

配偶子（生殖細胞）の染色体は
　精子（③ 　　）本
　卵　（④ 　　）本

常染色体（男女共通の染色体）が22本×2組
性染色体が2本
　男性…X染色体とY染色体
　女性…X染色体2本

常染色体22本とX染色体

常染色体22本とXかY染色体

つまり、1個1個の体細胞はゲノムを2セットずつもっているんですね。

ゲノムの大きさは（⑤ 　　　　　）の数で表す。

大腸菌　　ショウジョウバエ　　イネ　　ヒト　　マウス
460万　　1億8000万　　　　4億　　30億（染色体23本）　33億

タンパク質のアミノ酸配列を指定する（転写される）塩基配列

染色体

ゲノム全体の中で**遺伝子**として働く部分と働かない部分がある。

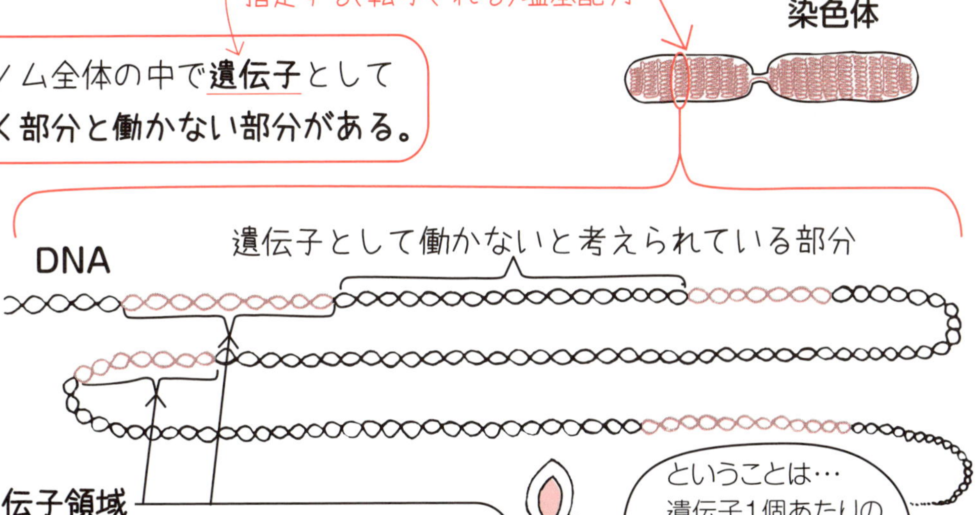

DNA　　遺伝子として働かないと考えられている部分

遺伝子領域
ヒトでは遺伝子は約20500個と推定されDNAの塩基配列全体の1.5%程度と考えられている。

ということは…
遺伝子1個あたりの平均の塩基(対)数は
$30億 \times \dfrac{1.5}{100} \times \dfrac{1}{20500}$
＝約2200 なんだね。

第2章 DNAの働き

確認テスト 7

合格点:16問／26問

解答→別冊 p.6

テストに出る**用語を確認！**

1 わからなければ 15 へ

1. 真核細胞の核の中で DNA が巻きついている物質は何ですか。

2. ①の物質と DNA が核の中で形成している構造体を何といいますか。

3. 細胞分裂をくり返している細胞が，細胞分裂を始めてから次の分裂を始めるまでを何といいますか。

4. 細胞の核内で DNA の複製が行われるのは，間期の何という時期ですか。

5. 体細胞分裂で，2つの娘細胞の遺伝情報がまったく同じになるのはなぜですか。

2 わからなければ 16 へ

6. 多細胞生物で，同じ個体の神経細胞と表皮の細胞では，核がもっている遺伝情報はまったく同じですか，一部異なりますか。

7. 多細胞生物で，細胞ごとに特定の働きや形態をもつようになることを何といいますか。

8. DNA の遺伝情報をもとにタンパク質の合成が行われることを何といいますか。

9. 多細胞生物では，それぞれの細胞は⑥のような遺伝情報をもっているのに，細胞ごとに特定の働きや形態をもつようになるのはなぜですか。

3 わからなければ 17 へ

10. 生物が個体の形成や生命活動を営むのに必要とするすべての遺伝情報の1セットを何といいますか。

11. ⑩の大きさは生物の種によって異なりますが，この大きさは DNA の何の数で表しますか。

12. ヒトの体細胞と，配偶子である卵との違いを⑩に関する違いから述べなさい。

テストに出る図を確認！

1. 染色体　わからなければ 15 へ

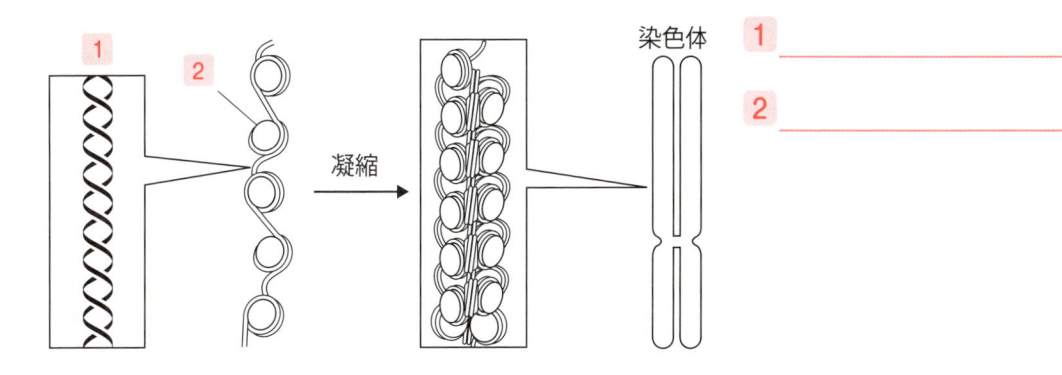

1 _____

2 _____

2. 細胞周期とDNA量　わからなければ 15 へ

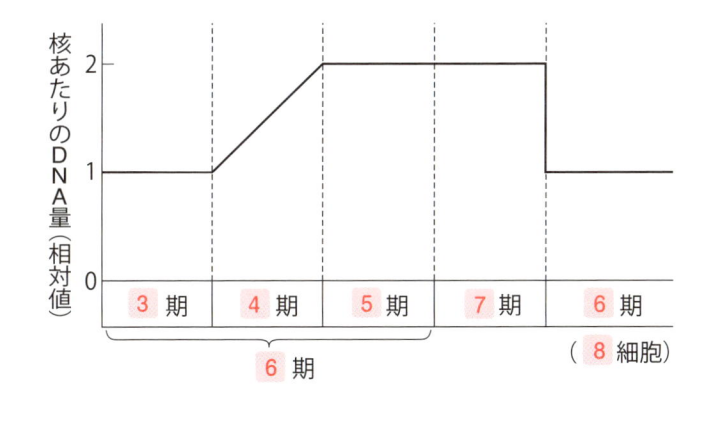

3 _____ 期

4 _____ 期

5 _____ 期

6 _____ 期

7 _____ 期

8 _____ 細胞

3. 染色体数とゲノム（ヒト）　わからなければ 17 へ

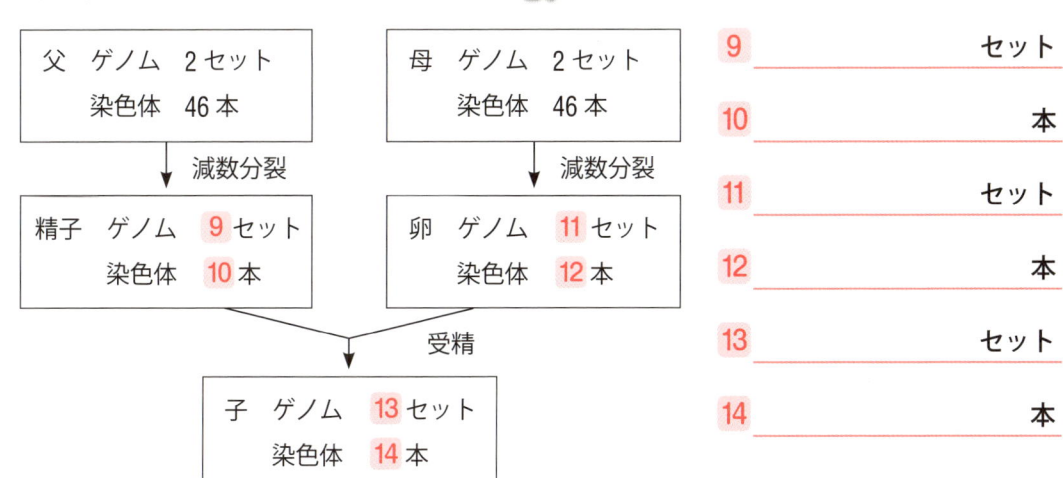

9 _____ セット

10 _____ 本

11 _____ セット

12 _____ 本

13 _____ セット

14 _____ 本

第2章　DNAの働き

18 体内環境と恒常性

◎体外環境と体内環境

❶ 私たちのからだを取り巻く環境は，温度や水分，光などが生命活動に適した条件であることもあれば，適さない条件のときもあり，これらの条件は変化します。

❷ 地球上の生物の祖先は海水中で生まれたと考えられています。今でも単細胞生物は水中で生活し，**温度や光，塩分濃度や酸素濃度，pH** などの**体外環境**が変化しても**細胞内を生命活動を行うのに適した状態に保つ必要があります**。

❸ 多細胞生物では，体表の細胞は表皮や粘液でおおわれていて直接体外環境には接していません。そして，からだのほとんどを占める内部の細胞は液体（**体液**）に浸された状態でいます。細胞にとって，この**体液の状態が環境**といえます。そこで，体液の状態のことを**体内環境**といいます。

> ヒトの表皮をおおう**角質層**は，死んだ細胞でできていて，生きた細胞は外界に直接触れません。

❹ ここで気をつけてください。**肺や消化管の中は，体内ではなく体外です**。いずれも外部の空気などで満たされていて，からだの細胞は空気などに直接触れないよう表皮や粘液でおおわれていますね。

◎恒常性（体内環境の維持）

❶ 生物には，**体外環境が変化しても体内環境を一定の範囲に保つ性質**があり，これを**恒常性（ホメオスタシス）**といいます。

❷ 体液は，その存在する場所によって**血液・組織液・リンパ液**の3種類に分けられます。これらは，互いに関係しあいながら常に移動や循環をしています。体液の循環により，体内の各細胞は体外から得た酸素や栄養を取り入れ，二酸化炭素や老廃物を体外に運び出しています。（→19～23）

❸ この体液の温度や酸素，栄養や塩分濃度などを調節し，不要な物質を排出して体液の状態を保つ恒常性には，**肝臓**や**腎臓**が重要な働きをしています。（→25～27）

❹ これらの働きは，**自律神経系**や**内分泌系**（ホルモン）が協調し合ったしくみによって調節されています。（→28～32）

❺ 体外環境から体液内に病原体などが入ってきたときには，これを排除する**生体防御**のしくみがあります（**免疫**という）。（→33～38）

ポイント！
★ **体内環境**…体液の状態のことをいう。
★ **恒常性**…体液の状態がほぼ一定に保たれている状態，あるいは維持する性質。

52　図解まとめ の答え ①体外環境　②体液　③組織液　④リンパ液

図解まとめ

(① 　　　　　)
温度　　光
水　　　塩分濃度
pH　　　酸素濃度
二酸化炭素濃度
　　　　　　　など

細胞を取り巻く(② 　　　　)の状態が**体内環境**。

体外環境 → 呼吸器官や消化器官の内部は**体外**。 → 体内環境　変動幅が小さい。

生物が生きるには，体外環境が大きく変動しても，細胞が生命活動に適した限られた範囲の状態に保たれる必要がある。

体液　3種類の体液が互いに関係している。

血液
③ (　　　　)
④ (　　　　)

臓器や細胞の働きは**自律神経やホルモン**の働きで調節される。

老廃物など血液の成分は**肝臓や腎臓**で調節される。

血管　しみ出す　戻る　組織　細胞　流入する　リンパ管

心臓から送り出され，心臓へ戻る。

細胞と物質のやりとりを行う。（栄養分，O_2，CO_2など）

静脈と合流。

第3章　生物の体内環境の維持

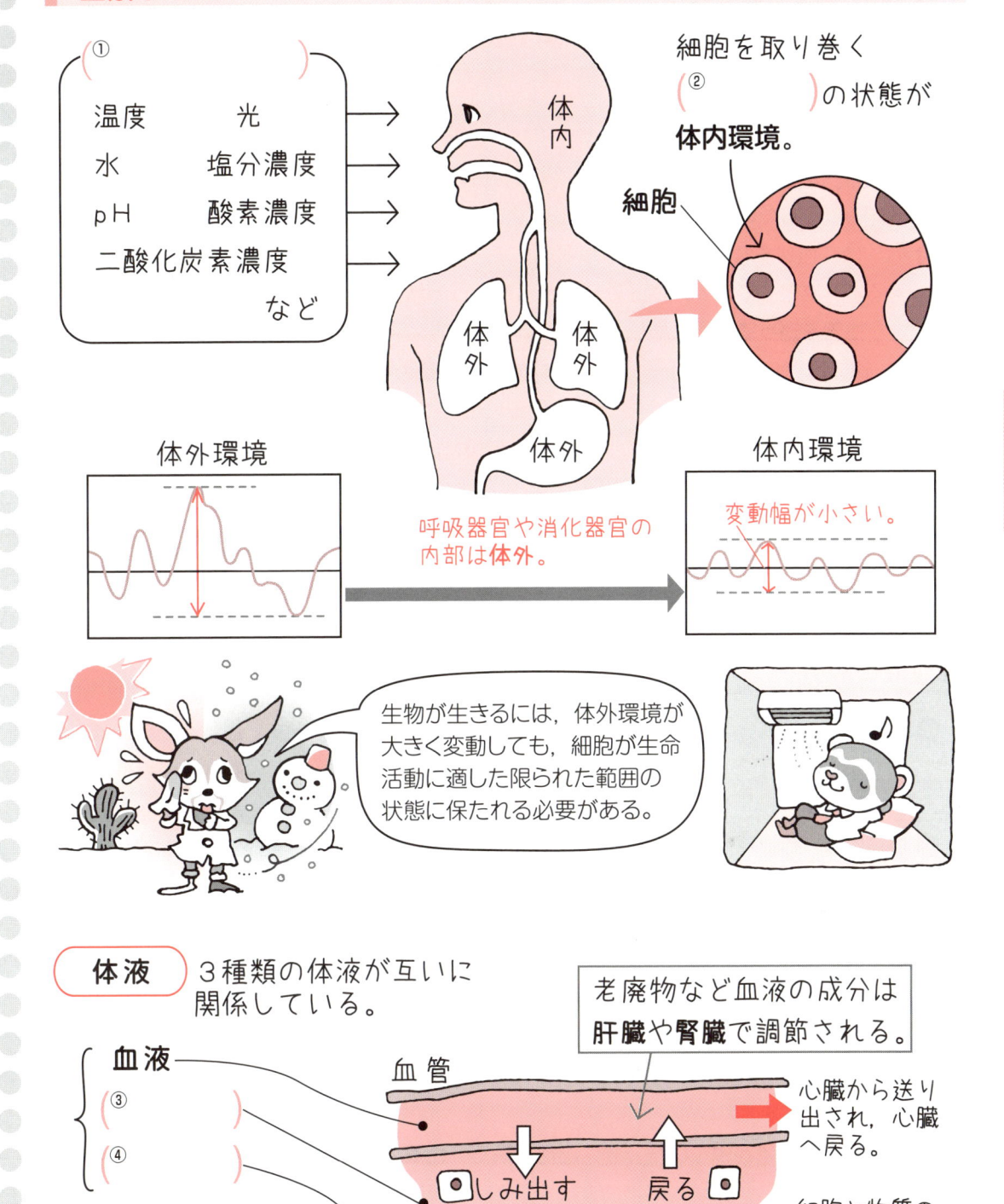

19 体液とその成分

◎体　液

❶ **体液**は，**血液，組織液，リンパ液**の3つに分けられます。体液は「体内」(からだの内部)で細胞に接しています。

❷ **血液**は，血球を含み，血管の中を流れます。心臓が血液を循環させるポンプとして働き，血液は**心臓**から**動脈→毛細血管→静脈**という血管を巡って心臓に戻ります。

❸ **組織液**は，**血液の液体成分(血しょう)が毛細血管の壁からしみ出したもの**です。組織液は全身の組織の細胞のまわりを満たし，直接酸素や栄養分，老廃物などの物質をやりとりします。

❹ 組織液は，ほとんどが血液に戻りますが，一部が**毛細リンパ管**に入り，リンパ管を流れる**リンパ液**となります。リンパ液には血球の一種であるリンパ球が含まれ，免疫に働きます。

> 消化液，汗，涙などは体液とはいいません。これらは「体外」に出されるからです。

> **重要ワード**
> **組織** 胃や腸，脳や筋肉などの器官をつくるために同じ種類の細胞どうしが集まってまとまりを形成したもの。

◎血液の成分

❶ 血液は，液体成分の**血しょう**と有形成分の**血球**とに分けられます。血しょうは，ほとんど(90%)が水であり，ほかにタンパク質，グルコース，脂質などの有機物や無機塩類を含んでいます。

❷ 血球には，**赤血球，白血球，血小板**があります。血球は，骨の内部を埋める組織(**骨髄**)でつくられます。

❸ **赤血球**は，**ヘモグロビン**という赤い色素をもったタンパク質を含み，**酸素の運搬**(→㉒，㉓)をします。赤血球にヘモグロビンを含んでいるために，血液は赤く見えます。

> 哺乳類の赤血球は，核が消失した細胞。

❹ **白血球**は数種類の細胞があり，体内に侵入した**病原体などの異物を排除する働き**があります(免疫→㉝～㊳)。**好中球**，好酸球，好塩基球といった種類のほか，**リンパ球**も白血球の一部です。

❺ **血小板**は，血管が傷ついたときに出血を防ぐ，**血液の凝固**に関わります。(→㉔)

ポイント！ ★ 体液
- 血液 ｛ 血球(**赤血球，白血球，血小板**)
  　　　　血しょう
- 組織液…組織の細胞を浸す。血しょうが毛細血管から出たもの。
- リンパ液…リンパ管を通る。

54　　図解まとめ の答え　①血　②組織　③リンパ　④血しょう　⑤赤血球　⑥白血球　⑦血小板

図解まとめ

体液の循環

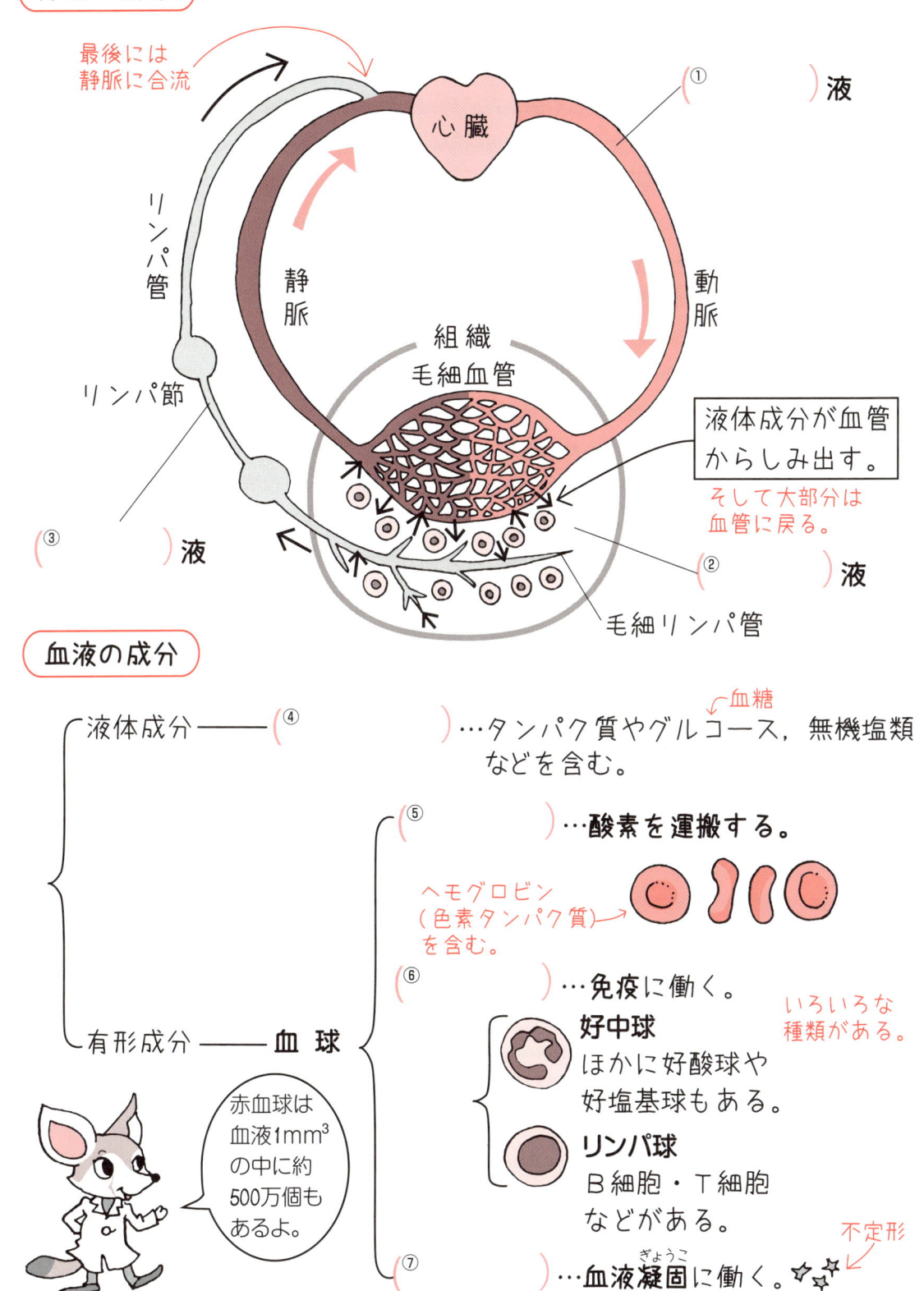

最後には静脈に合流

心臓

リンパ管

静脈

動脈

リンパ節

組織毛細血管

液体成分が血管からしみ出す。

そして大部分は血管に戻る。

① ）液
② ）液
③ ）液

毛細リンパ管

血液の成分

液体成分 ——— ④ ）…タンパク質やグルコース，無機塩類などを含む。(血糖)

有形成分 ——— 血球

⑤ ）…酸素を運搬する。
ヘモグロビン（色素タンパク質）を含む。

⑥ ）…免疫に働く。
いろいろな種類がある。

好中球
ほかに好酸球や好塩基球もある。

リンパ球
B細胞・T細胞などがある。

⑦ ）…血液凝固（ぎょうこ）に働く。
不定形

赤血球は血液1mm³の中に約500万個もあるよ。

第3章 生物の体内環境の維持

55

20 心臓と血管

◎心　臓

❶ ヒトの心臓は，2つの**心房**（右心房，左心房）と2つの**心室**（右心室，左心室），合わせて4つの部屋からなります。これらの部屋は筋肉でできた壁でできていて，筋肉が弛緩して広がるときに血液を中に引き込み，収縮することで中の血液を送り出します。

> **心房**…全身から心臓に戻ってくる血液を受け入れ，心室に送る部屋
> **心室**…心房から送られてきた血液を動脈から送り出す部屋

❷ 心房と心室の間，そして心室から動脈への出口には**弁**があり，送られる血液の逆流を防いでいます。

❸ 心臓の大静脈と右心房の境界（洞房結節）には一定のリズムで刺激を発する（興奮する）特殊な細胞が集まっていて，**ペースメーカー**とよばれています。この刺激が心臓全体に伝わることで，心臓は，脳など外部からの命令がなくても自動的に拍動を続けることができます（これを**心臓の自動性**といいます）。

重要ワード
拍動　内臓が一定の間隔で収縮と弛緩をくり返す運動。心臓の拍動は**心拍**ともいう。

◎血　管

❶ 心臓から送り出された血液は**動脈**を通って全身に送られます。動脈は筋肉の層が厚く，心臓から押し出された血液の高い血圧にも耐えることができます。

❷ 動脈は次第に枝分かれして細くなっていき，**毛細血管**につながっています。毛細血管は非常に細くて血管の壁がとても薄い（1層の内皮）血管で，血しょうがしみ出て組織液となり，この組織液を通じて全身の細胞に酸素や栄養分を届け，二酸化炭素などの老廃物を回収しています。

❸ 毛細血管は次第に集まり**静脈**につながり，血液は静脈を通って心臓に戻ります。静脈には，血流の血圧が低いこともあり，逆流を防ぐ弁があります。

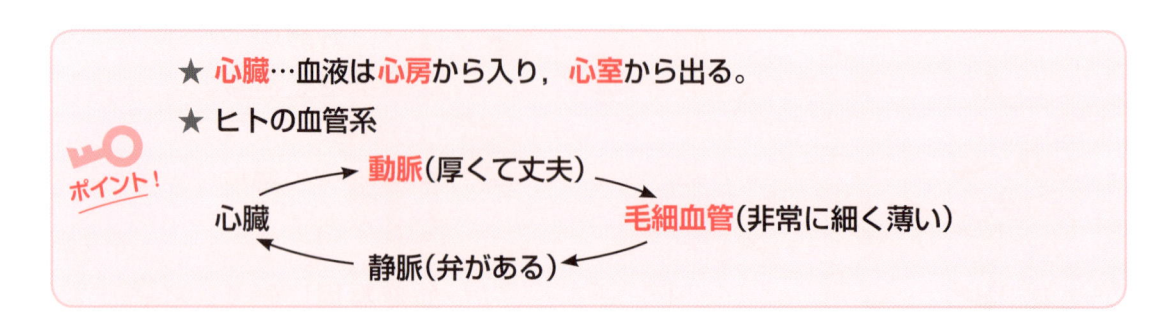

ポイント！

★ **心臓**…血液は**心房**から入り，**心室**から出る。
★ ヒトの血管系

心臓 → **動脈**（厚くて丈夫） → **毛細血管**（非常に細く薄い） → 静脈（弁がある） → 心臓

図解まとめ　の答え　①右心房　②右心室　③左心房　④左心室　⑤全身　⑥肺　⑦動脈　⑧毛細血管　⑨静脈

図解まとめ

心臓は4つの部屋でできている …「房」「室」ともに部屋という意味の文字。

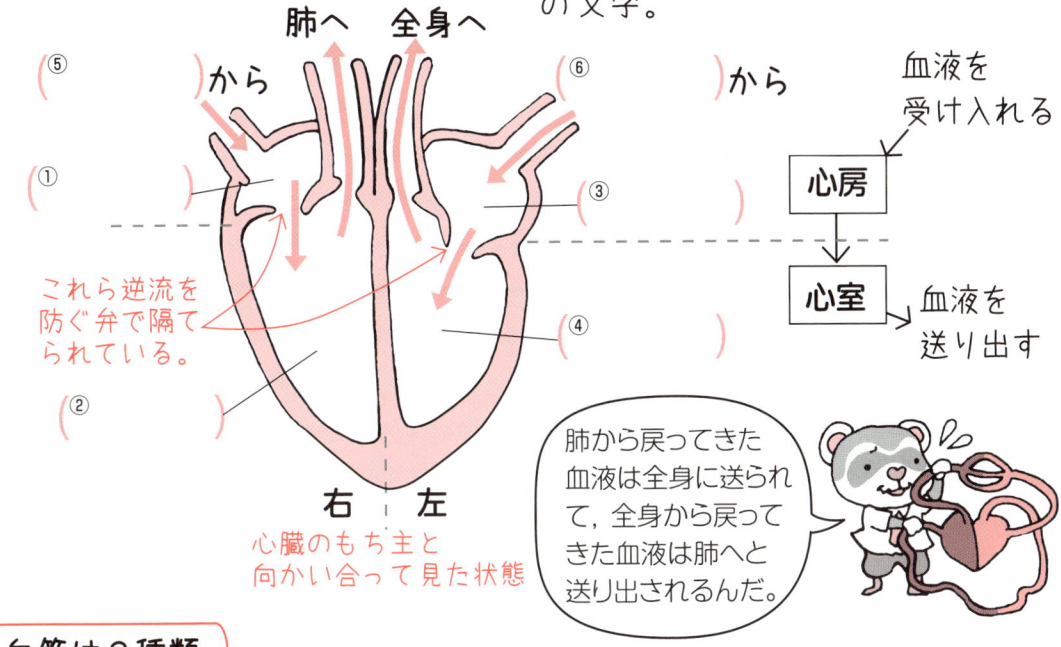

肺へ　全身へ

⑤（　　　）から
⑥（　　　）から

①（　　　）
②（　　　）
③（　　　）
④（　　　）

これら逆流を防ぐ弁で隔てられている。

右　左

心臓のもち主と向かい合って見た状態

血液を受け入れる → 心房 → 心室 → 血液を送り出す

肺から戻ってきた血液は全身に送られて、全身から戻ってきた血液は肺へと送り出されるんだ。

第3章　生物の体内環境の維持

血管は3種類

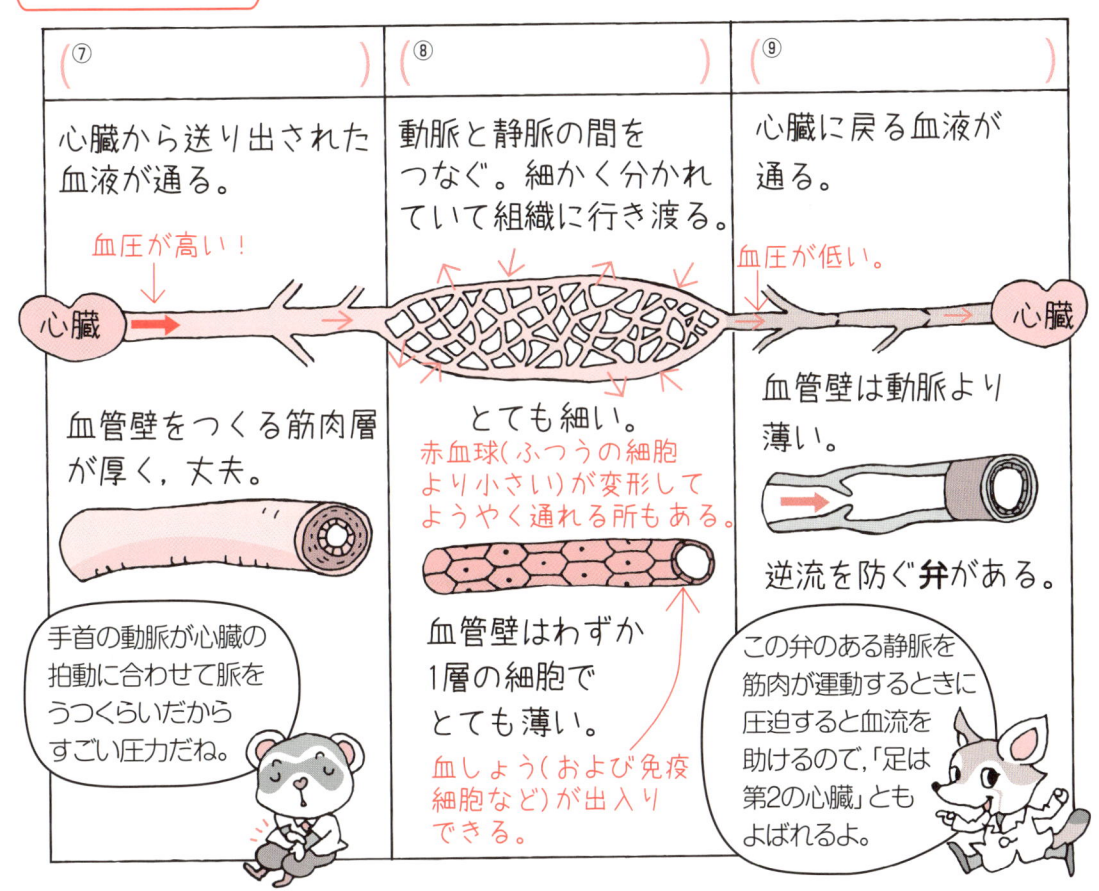

⑦（　　　）	⑧（　　　）	⑨（　　　）
心臓から送り出された血液が通る。	動脈と静脈の間をつなぐ。細かく分かれていて組織に行き渡る。	心臓に戻る血液が通る。
血圧が高い！	とても細い。赤血球（ふつうの細胞より小さい）が変形してようやく通れる所もある。	血圧が低い。
血管壁をつくる筋肉層が厚く、丈夫。	血管壁はわずか1層の細胞でとても薄い。血しょう（および免疫細胞など）が出入りできる。	血管壁は動脈より薄い。逆流を防ぐ**弁**がある。
手首の動脈が心臓の拍動に合わせて脈をうつくらいだからすごい圧力だね。		この弁のある静脈を筋肉が運動するときに圧迫すると血流を助けるので、「足は第2の心臓」ともよばれるよ。

確認テスト 8

合格点：17問／28問

解答→別冊 p.7

テストに出る用語を確認！

1 わからなければ 18 へ

1. 多細胞生物の細胞にとっての環境である体内環境は，体内にあるあるものの状態であると言い換えることができます。それは何ですか。

2. ヒトなど脊椎動物の体液は3種類に分類できますが，それぞれの名称を答えなさい。

3. 体外環境が変化しても，体内環境を一定の範囲に保つ性質を何といいますか。

2 わからなければ 19 へ

4. 血液の液体成分を何といいますか。

5. 血液の液体成分が毛細血管壁からしみ出したもので，細胞のまわりを満たしている液体を何といいますか。

6. リンパ管を流れるリンパ液は，何が毛細リンパ管に取り込まれたものですか。

7. 血球成分のうち，酸素を運ぶ成分は何ですか。

8. [7]に含まれて酸素を運ぶ働きをもつタンパク質の名称を何といいますか。

9. 血球成分のうち，体内に侵入した病原体などを排除する成分は何ですか。

10. 血球成分のうち，血液の凝固に働く成分は何ですか。

3 わからなければ 20 へ

11. 心臓が脳などの命令を受けなくても自動的に拍動を続けられるように一定のリズムを発する部分を何といいますか。

12. 心臓をつくる4つの部屋のうち，血管から血液が入ってくる部屋（2つある）を何といいますか。

13. 心臓をつくる4つの部屋のうち，血液を送り出す部屋（2つある）を何といいますか。

14. 静脈にあって動脈にない，血液の逆流を防ぐ構造は何ですか。

15. 動脈と静脈をつなぐ，非常に細い血管の名称は何といいますか。

テストに出る図を確認！

1. 3種類の体液　わからなければ 18 へ

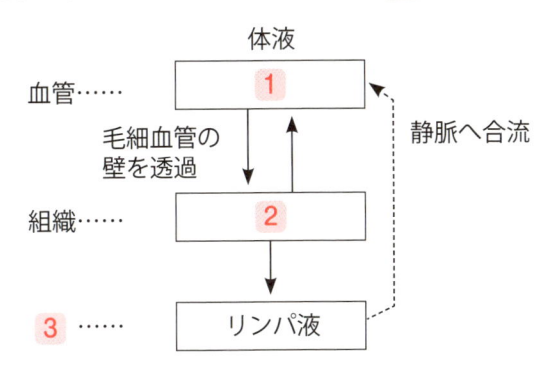

体液
- 血管…… [1]
- 毛細血管の壁を透過
- 組織…… [2]
- 静脈へ合流
- [3] …… リンパ液

1 _____
2 _____
3 _____

2. 血液の成分　わからなければ 19 へ

血液の成分			特　徴
液体成分		4	水，タンパク質，グルコースなど有機物や無機塩類を含む
有形成分	5	円盤形	タンパク質 6 を含む ↓ 7 と結合しこれを運搬
	8	不定形	免疫に働く 好中球，リンパ球などさまざまな種類
	9	不定形	血液凝固に働く

4 _____
5 _____
6 _____
7 _____
8 _____
9 _____

3. 心臓のつくり　わからなければ 20 へ

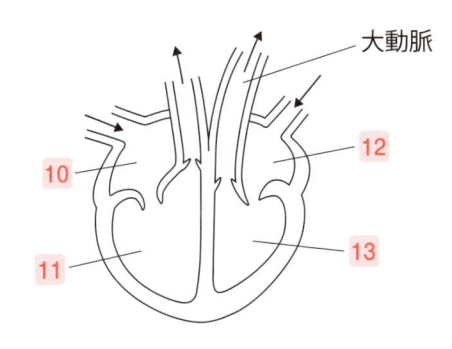

大動脈
[10]
[11]
[12]
[13]

10 _____
11 _____
12 _____
13 _____

第3章　生物の体内環境の維持

21 血液の循環

◎動脈血と静脈血

❶ からだを循環する血液には，動脈血と静脈血があります。これを読んで，「動脈血は動脈を流れる血液」と思いませんでしたか？動脈血とは，酸素を豊富に含んだ血液のことです。これに対して酸素が少ない血液を静脈血といいます。

❷ 体外から取り入れた酸素や栄養分は，動脈を通り，毛細血管から全身の細胞に運ばれます。「動脈を流れる血液」と動脈血は，どこが違うのでしょうか？

◎体循環と肺循環

❶ ヒトの血液には，体循環と肺循環とよばれる2つの循環経路があります。

❷ 体循環は，全身の各組織をめぐる血液の循環です。心臓（左心室）から出た血液は，大動脈を通り，枝分かれをしていく動脈を流れ，毛細血管を経て全身の各組織に酸素を供給します。そして，同時に二酸化炭素を受け取り，静脈から心臓（右心房）に戻ります。

> 体循環　心臓（左心室）→大動脈→体内の各組織→大静脈→心臓（右心房）

❸ これに対して肺循環は，血液が心臓を出て肺を通り，また心臓に戻ってくる循環です。心臓（右心室）から出て肺動脈を通る血液は，酸素の少ない静脈血です。そして肺静脈を通って心臓（左心房）に戻ってくる血液は，肺で酸素を取り込んだ動脈血です。

> 肺循環　心臓（右心室）→肺動脈→肺→肺静脈→心臓（左心房）
> 　　　　　　　　　　　　静脈血！　　　　動脈血！

❹ ヒトなど哺乳類の心臓は，4部屋に分かれていて，肺から戻ってきた動脈血と全身から戻ってきた静脈血が混ざらないため，むだなく酸素を全身に送ることができます。

◎栄養分と老廃物の運搬

❶ 食物に含まれる栄養分は，おもに小腸で血液中に取り込まれ，肝臓で血中濃度や成分を調節された後，大静脈を通って心臓に戻り，肺循環→体循環と送られていきます。

❷ 全身の細胞で生じた二酸化炭素は，静脈血が肺を通る際に酸素とのガス交換で体外に排出されます。その他のアンモニアなどの老廃物は，肝臓で毒性の低い物質（尿素）に変えられた後，腎臓を通る際に尿の成分として排出されます。

> ★ 動脈血と静脈血…動脈血は酸素を多く含む血液。静脈血は酸素が少ない。
> ★ 血液の循環経路には体循環と肺循環があり，肺動脈を流れるのは静脈血。

図解まとめ の答え　①肺　②体　③肺動脈　④肺静脈　⑤静脈　⑥動脈

図解まとめ

動脈血…酸素(O_2)を多く含んだ血液。←―― 鮮紅色
静脈血…酸素が少ない血液。←―― 暗赤色

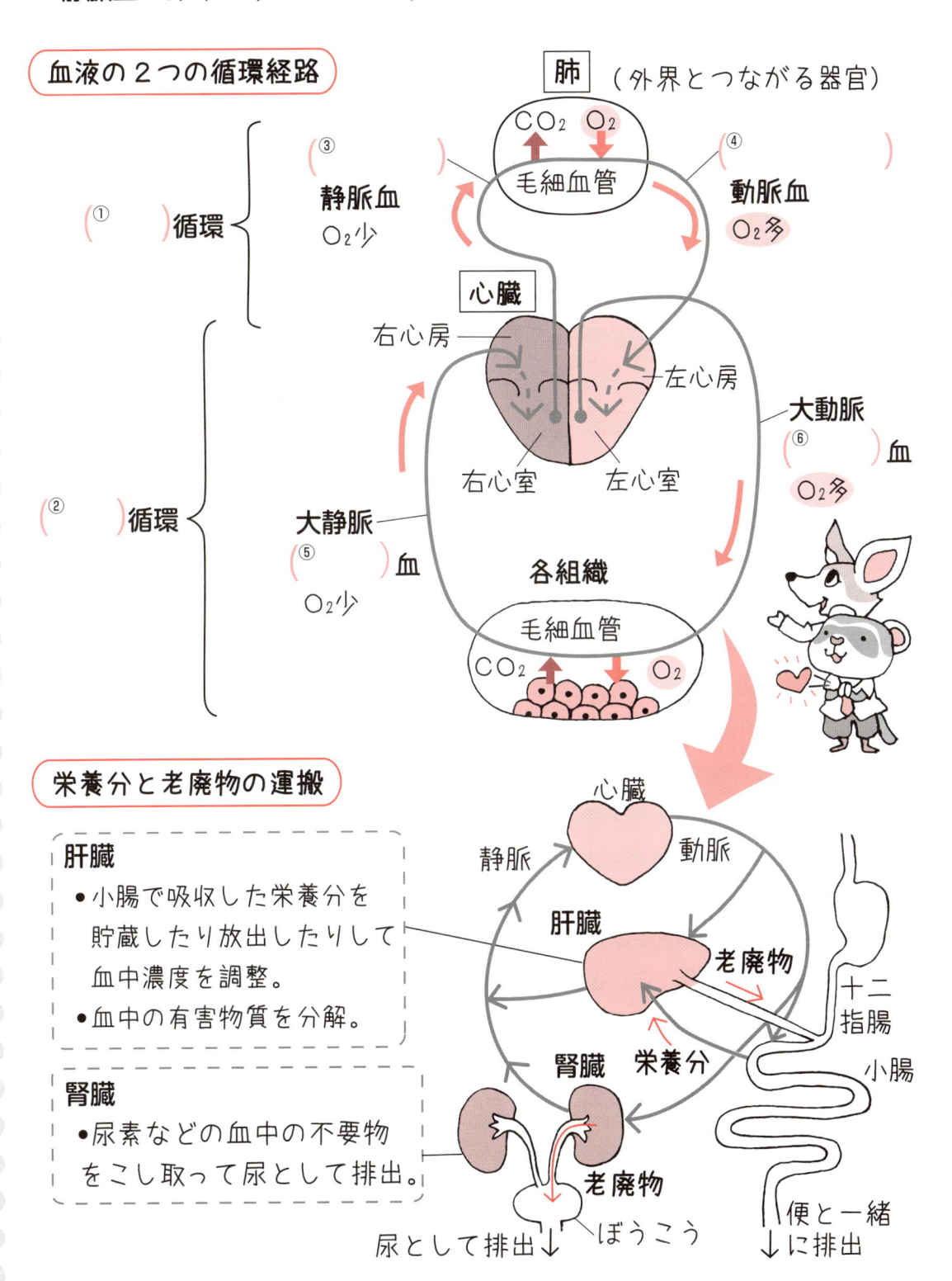

血液の2つの循環経路

肺（外界とつながる器官）
CO_2 O_2
毛細血管

① ( ) 循環
③ ( ) 静脈血 O_2少
④ ( ) 動脈血 O_2多

心臓
右心房 ―― ―― 左心房
右心室 　　 左心室

② ( ) 循環
大動脈
⑥ ( ) 血 O_2多
大静脈
⑤ ( ) 血 O_2少

各組織
毛細血管
CO_2 O_2

栄養分と老廃物の運搬

肝臓
- 小腸で吸収した栄養分を貯蔵したり放出したりして血中濃度を調整。
- 血中の有害物質を分解。

腎臓
- 尿素などの血中の不要物をこし取って尿として排出。

心臓
静脈　動脈
肝臓　老廃物
　　　十二指腸
腎臓　栄養分
　　　小腸
老廃物
尿として排出↓　ぼうこう　便と一緒↓に排出

第3章　生物の体内環境の維持

22 酸素の運搬

◎赤血球

❶ 赤血球は1つの細胞ですが，ヒトをはじめとする哺乳類の赤血球には核がありません。

❷ 哺乳類の赤血球は，中央のくぼんだ円盤形をしています。これは変形しやすく，せまい毛細血管の中も通ることができ，全身のすみずみの組織まで酸素を運ぶのに適しています。

◎ヘモグロビンとその働き

❶ ヘモグロビンは赤血球中に含まれるタンパク質の一種で，酸素と結合しやすい性質があります。肺に吸い込んだ空気中の酸素は赤血球中のヘモグロビンと結合し，血液の循環によって全身の組織に運ばれます。

❷ ヘモグロビンが酸素と結合したものを酸素ヘモグロビンといいます。ヘモグロビンの色は暗い赤色ですが，酸素と結合した酸素ヘモグロビンは鮮やかな赤い色です。

> 静脈血は暗い赤色をして動脈血は鮮やかな赤色をしていますが，これは酸素によるヘモグロビンの変化によるものです。

❸ ヘモグロビンと酸素ヘモグロビンの割合は，主に酸素濃度によって変化します。酸素濃度が高く，二酸化炭素濃度が低いところでは，ヘモグロビンが酸素と結合して酸素ヘモグロビンになります。

❹ 逆に，酸素濃度が低く，二酸化炭素濃度が高いところでは，酸素ヘモグロビンから酸素が離れてヘモグロビンに戻ります。

❺ からだの中で肺（肺胞）は酸素濃度が高く，血液中のヘモグロビンは外界から取り入れた酸素と結合して酸素ヘモグロビンになります。

> **重要ワード**
> 肺胞　肺を構成する多数の小さな袋。毛細血管が網目のように張り巡らされていて酸素と二酸化炭素の交換の場になっている。

❻ 活動が盛んな組織では，呼吸を活発に行って栄養分からエネルギーを取り出すために酸素が消費されます。そのため，酸素濃度が低く，二酸化炭素濃度が高くなり，ヘモグロビンが酸素を離しやすい条件になっています。

❼ このようにして，肺で取り込んだ酸素は赤血球によって運ばれ，体内の各組織に供給されているのです。

ポイント！
★ 酸素は，赤血球中のヘモグロビンというタンパク質に結合して運ばれる。
★ ヘモグロビンは，酸素濃度が高く二酸化炭素濃度が低いとき酸素と結合して酸素ヘモグロビンになり，酸素濃度が低いとき酸素を離す。
★ ヘモグロビンは肺で酸素と結合し，全身の組織で酸素を解離する。

図解まとめ の答え　①ヘモグロビン　②高　③酸素ヘモグロビン　④低　⑤肺胞　⑥←

図解まとめ

酸素の運搬 赤血球に含まれる（ ① 　　　　　）というタンパク質が酸素と結合して酸素を運ぶ。

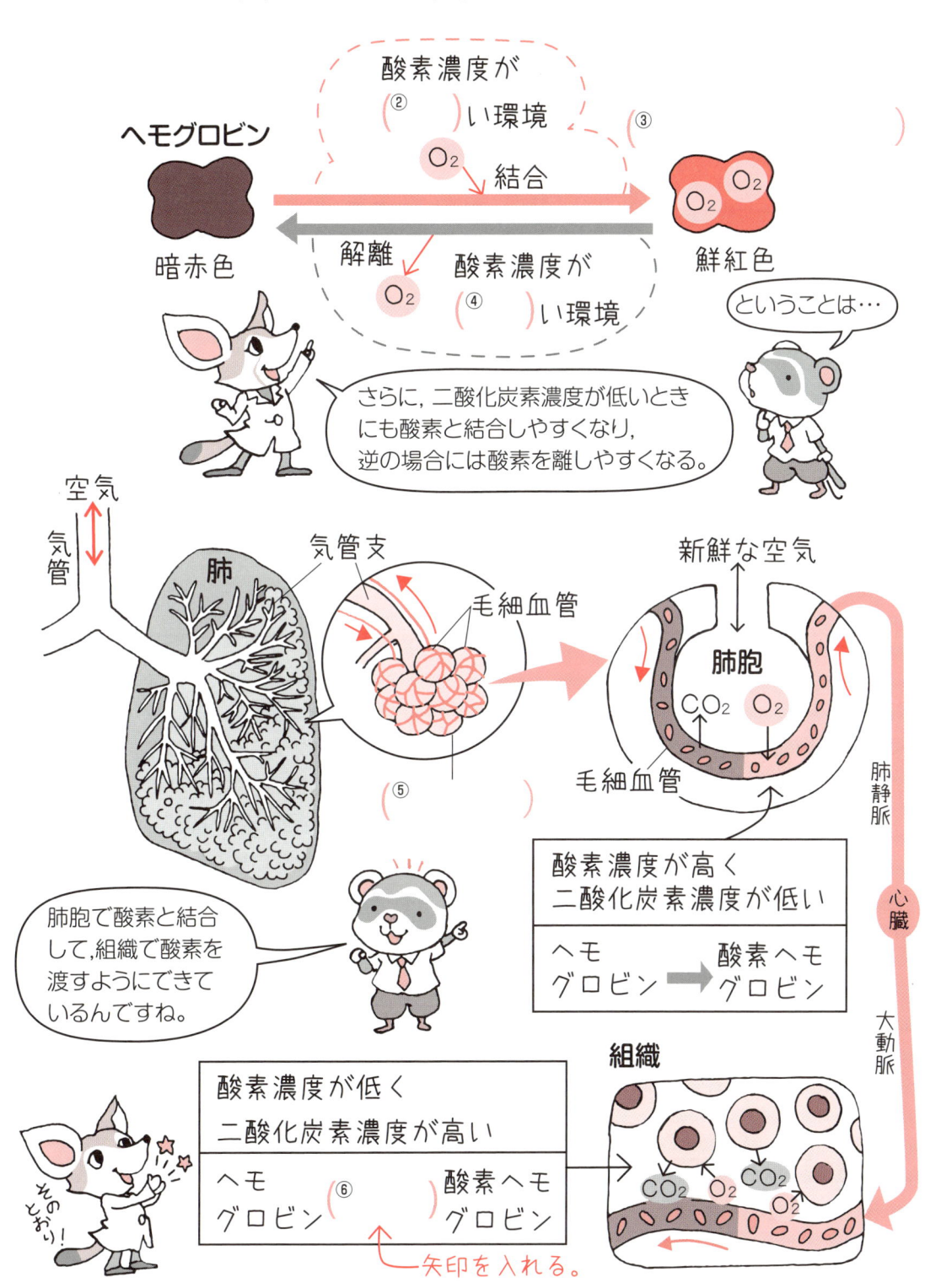

ヘモグロビン　暗赤色
酸素濃度が（ ② 　）い環境
結合 ⇄ 解離
酸素濃度が（ ④ 　）い環境
（ ③ 　　　　　）鮮紅色

さらに、二酸化炭素濃度が低いときにも酸素と結合しやすくなり、逆の場合には酸素を離しやすくなる。

ということは…

空気／気管／肺／気管支／毛細血管

（ ⑤ 　　　　　）

新鮮な空気／肺胞／CO_2／O_2／毛細血管

肺胞で酸素と結合して、組織で酸素を渡すようにできているんですね。

酸素濃度が高く二酸化炭素濃度が低い
ヘモグロビン → 酸素ヘモグロビン

肺静脈／心臓／大動脈

酸素濃度が低く二酸化炭素濃度が高い
ヘモグロビン（ ⑥ 　）酸素ヘモグロビン
←矢印を入れる。

組織／CO_2／O_2

そのとおり！

第3章 生物の体内環境の維持

23 酸素解離曲線について

◎酸素解離曲線

ヘモグロビンは，酸素の多い環境では酸素と結びついて**酸素ヘモグロビン**となり，酸素の少ない環境では酸素を離してヘモグロビンに戻ります。その環境条件によって，ヘモグロビン全体のうちの何%が酸素ヘモグロビンになっているかをグラフで示したものを，**酸素解離曲線**といいます。

> **解説** 酸素解離曲線は，酸素濃度に比例してだんだんと酸素ヘモグロビンの割合が増していくのでも，ある酸素濃度を境に全部が一斉に酸素と結びついたり離したりするのでもなく，肺胞の状態に近い環境でほとんどが酸素ヘモグロビンとなり，全身の組織のような環境で大部分が酸素を離す，S字を伸ばしたようなグラフになります。

◎酸素解離曲線の読み方

次のような問題から，酸素解離曲線の読み方を練習してみましょう。

> **例題** 右ページの図1は，ヒトの血液の酸素解離曲線を示している。肺胞内の酸素濃度が100，二酸化炭素濃度が40で，組織内の酸素濃度が30，二酸化炭素濃度が60のとき，肺胞における酸素ヘモグロビンの約何%が組織において酸素を放出するか。

解きかた

次の3つのポイントを押さえながら答えを求めましょう。

① 肺胞内の二酸化炭素濃度は **40** なので，（①　　　）のグラフを用います。
　　肺胞の酸素濃度は 100 なので，横軸の 100 とグラフとの交点（図2中のア）を求めます。図中アの縦軸の値が，**肺胞での酸素ヘモグロビンの割合**を示しています。
　　したがって，ヘモグロビン全体のうち，95%が酸素ヘモグロビンとなっています。

② 組織内の二酸化炭素濃度は **60** なので，（②　　　）のグラフを用います。
　　組織内の酸素濃度は 30 なので，横軸とグラフとの交点（図3中のイ）を求めます。図中イの縦軸の値が，**組織での酸素ヘモグロビンの割合**を示しています。これより，組織では，ヘモグロビン全体のうち，50%が酸素ヘモグロビンとなっています。

③ 酸素ヘモグロビンの割合が 95% から 50% に低下したので，組織で酸素を放出した酸素ヘモグロビンの量は 95 − 50 = 45 となります。ここで，**すぐに 45% と答えてはいけません**。問題文に「肺胞における酸素ヘモグロビンの何%が…」とあるので，**肺胞での酸素ヘモグロビンの割合 95% が基準**です。したがって

$$\frac{(③\quad)}{(④\quad)} \times 100 = 47.3\cdots[\%]$$

答 約47%

例題 空欄の答え ① A　② B　③ 95 − 50　④ 95

図解まとめ

酸素解離曲線

図1

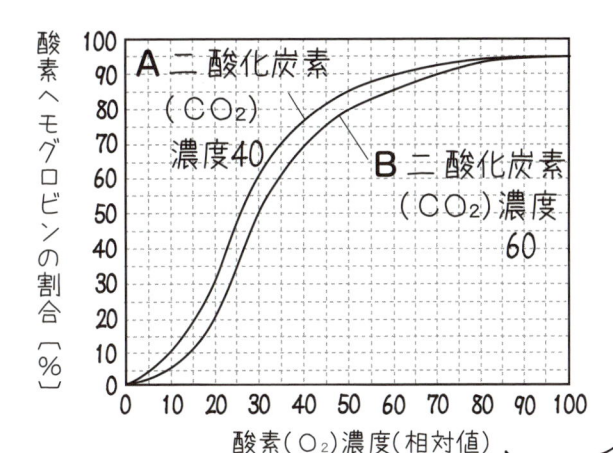

縦軸：酸素ヘモグロビンの割合〔%〕
横軸：酸素（O₂）濃度（相対値）

A 二酸化炭素（CO₂）濃度40
B 二酸化炭素（CO₂）濃度60

肺胞内（酸素濃度100，二酸化炭素濃度40）では…

図2

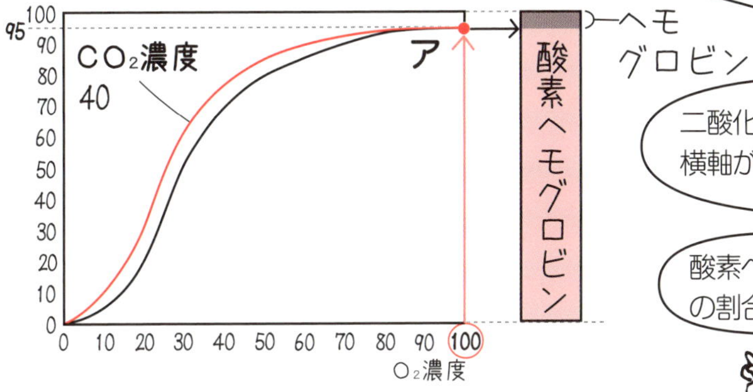

CO₂濃度40のグラフ上、ア点で酸素ヘモグロビン95%

二酸化炭素濃度40のグラフで、横軸が100のときの点を読む。

酸素ヘモグロビンの割合は95%だ。

ほとんどが酸素と結合していますね。

組織内（酸素濃度30，二酸化炭素濃度60）では…

図3

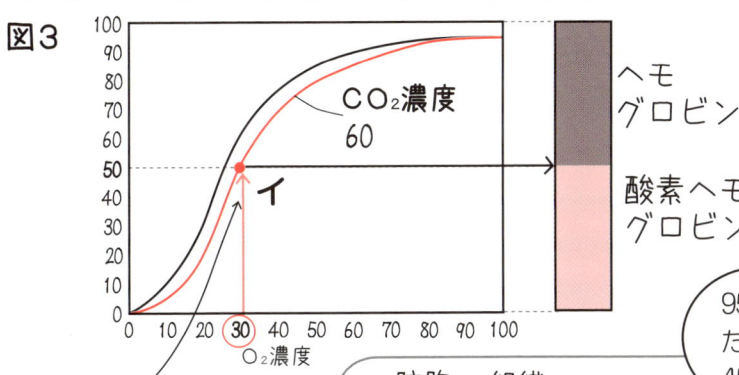

CO₂濃度60のグラフ上、イ点で50%

今度はもう一方の二酸化炭素濃度60のグラフで酸素濃度30の点を読む。

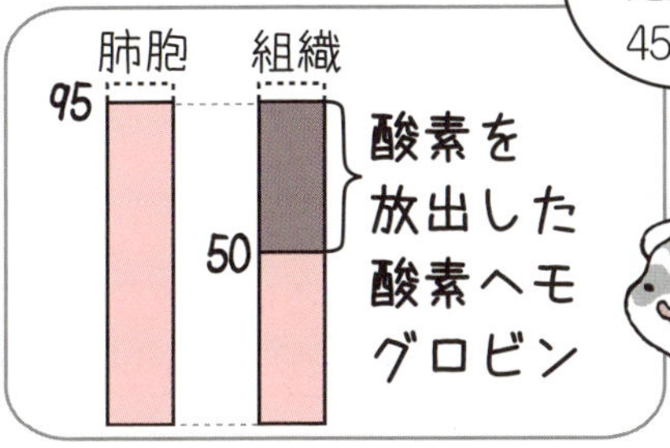

	肺胞	組織
	95	50

酸素を放出した酸素ヘモグロビン

95−50だから45%！

もとが95あったうちの45だから $\dfrac{45}{95} \times 100 ≒ 47\%$ だよ。

第3章 生物の体内環境の維持

24 血液凝固

◎大切な血液循環の維持

❶ 私たちにとって、酸素と栄養分を全身の細胞に届ける血液は生命維持になくてはならない存在です。心臓が止まって血流が止まればもちろん、けがなどで出血して体内を流れる血液の約半分を失っても死に至るといわれています。

❷ そのため、手術や大きなけがにより出血が多いときには、あらかじめ採血しておいた血液（またはその成分の一部）を**輸血**することが行われますね。

❸ しかし、私たちのからだは、小さなけがであれば、血液が自然に固まる**血液凝固**の働きによって**傷口をふさぎ、血液が失われるのを防ぐしくみ**をもっています。

> ヒトの血液は、**体重の約13分の1**を占めます。血液の比重は1.05前後なので、体重65kgのヒトで5kg、つまり約5Lあります。

◎血液凝固のしくみ

❶ 血管が傷つくと、まずその傷口に**血小板**が集まってきます。

❷ 集まってきた血小板から**血液凝固因子**が放出され、ここから血液凝固が始まります。

❸ 数段階の連鎖的な反応が起こり、最終的に、血液中に**フィブリン**という繊維状のタンパク質ができます。**フィブリンは赤血球などの血球とからみ合って血ぺい**というかたまりをつくり、傷口をふさぎます。

❹ 血ぺいは傷口をふさいで止血をするとともに、体外からの病原体などの侵入を防ぐ役割もしています。

❺ **血液を採取して試験管に取り、そのまま放置しても血液凝固は見られます。このときの上澄み液が血清**、沈殿物が血ぺいです。

> 血清と血しょうはまぎらわしいですが、血清には、血しょう中の血液の凝固に関わるタンパク質などが含まれません。

◎血栓と線溶

血管の傷が修復された後も血ぺいが残っていたり、誤って血管内で血液が凝固してしまうと、血液の流れをふさぐ**血栓**となり、からだに害をおよぼしてしまいます。このようなときには、フィブリンを分解して血ぺいを溶かす**線溶**というしくみがあります。

ポイント！
★ 血液凝固…**血小板**から放出される**血液凝固因子**によって起こる。
★ 血ぺい…**フィブリン**と**血球**がからまってできたかたまり。

図解まとめ の答え ①血小板 ②フィブリン ③血ぺい ④血清

図解まとめ

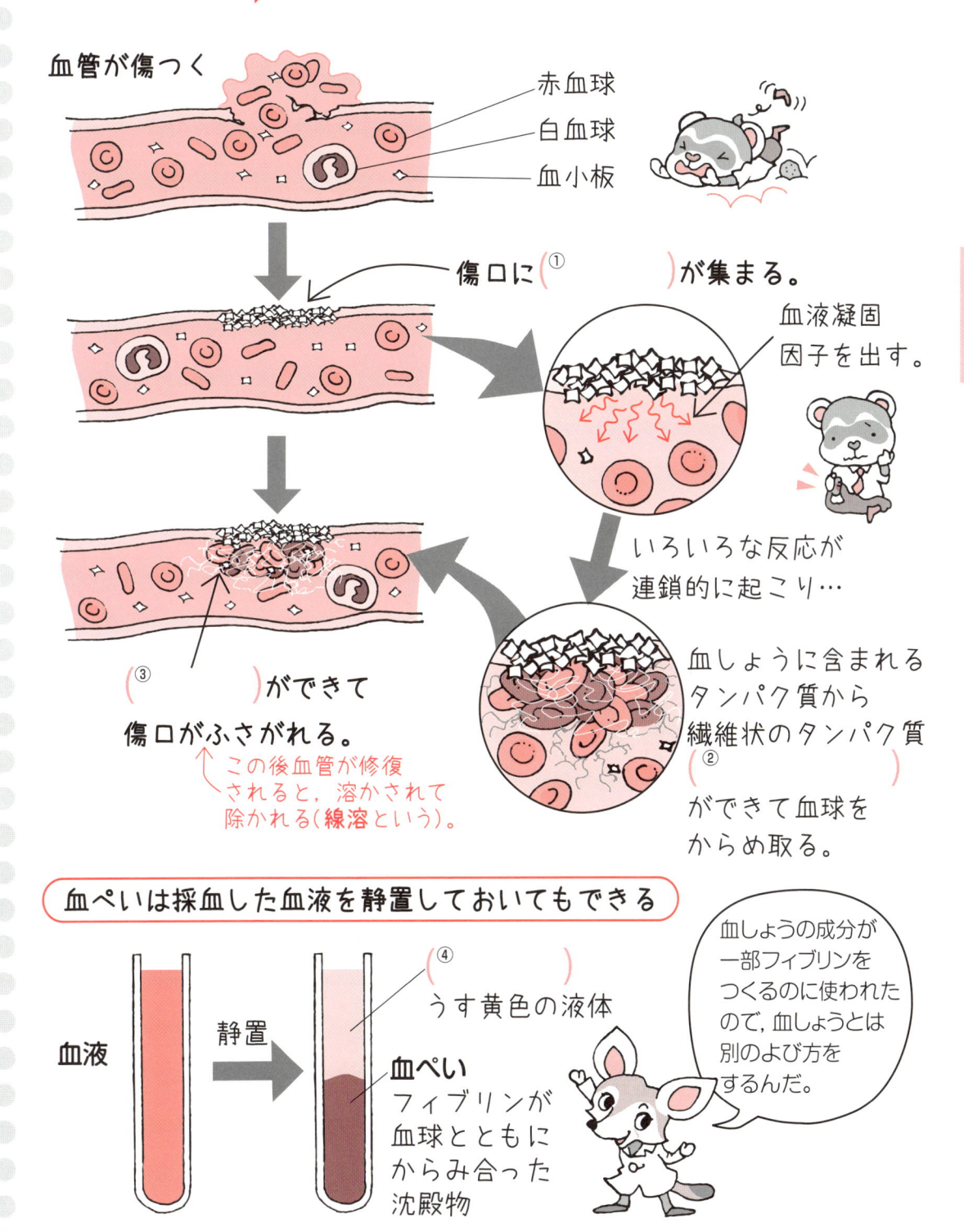

血液凝固…血管が傷ついたときに傷口をふさぐ。
⇒ 出血および病原体の侵入を防ぐ。

血管が傷つく
- 赤血球
- 白血球
- 血小板

傷口に（ ① ）が集まる。

血液凝固因子を出す。

いろいろな反応が連鎖的に起こり…

血しょうに含まれるタンパク質から繊維状のタンパク質（ ② ）ができて血球をからめ取る。

（ ③ ）ができて傷口がふさがれる。

↑ この後血管が修復されると、溶かされて除かれる（線溶という）。

血ぺいは採血した血液を静置しておいてもできる

血液 → 静置 → （ ④ ）うす黄色の液体

血ぺい
フィブリンが血球とともにからみ合った沈殿物

血しょうの成分が一部フィブリンをつくるのに使われたので、血しょうとは別のよび方をするんだ。

第3章 生物の体内環境の維持

確認テスト 9

合格点:17問／27問

1 　わからなければ 21 へ

1. 体内を循環する血液のうち，酸素を豊富に含んだ血液を何といいますか。

2. 体内を循環する血液のうち，酸素が少ない血液を何といいますか。

3. 心臓を出て，肺でガス交換を行い，心臓に戻る血液の循環を何といいますか。

4. 肺以外の全身の各細胞に酸素や栄養分を送り，二酸化炭素などの老廃物を回収する血液の循環を何といいますか。

5. 肺動脈を流れる血液は，動脈血，静脈血のどちらですか。

6. 哺乳類の心臓で，左心室とつながっている血管は何ですか。

7. 哺乳類の心臓で，大静脈はどの部屋とつながっていますか。

2 　わからなければ 22 へ

8. 赤血球のヘモグロビンが酸素と結合したとき，色は何色になりますか。

9. ヘモグロビンと酸素が結合しやすい条件とは，二酸化炭素の濃度が高いとき，低いときのどちらですか。

3 　わからなければ 23 へ

10. まわりの酸素濃度ごとにヘモグロビン全体のうち何％が酸素ヘモグロビンになっているかをグラフで示したものを何といいますか。

11. 10 のグラフの曲線はひと言でいうとどんな形をしていますか。

4 　わからなければ 24 へ

12. 血液の凝固因子は，血液の何という血球成分から放出されますか。

13. 血液凝固のときにできる繊維状のタンパク質を何といいますか。

14. 血液凝固のとき，13 と血球がからみ合って傷口をふさぐかたまりを何といいますか。

15. 血液を試験管に取り，しばらく放置したときに見られる上澄み液を何といいますか。

テストに出る**図を確認！**

1. 血液の循環　わからなければ 21 , 22 へ

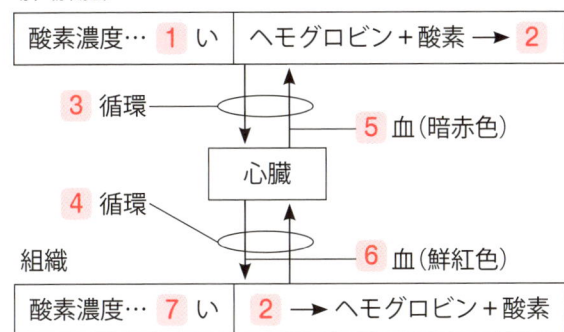

肺（肺胞）

酸素濃度… 1 い　ヘモグロビン + 酸素 → 2

3 循環　　　　　5 血（暗赤色）

心臓

4 循環　　　　　6 血（鮮紅色）

組織

酸素濃度… 7 い　2 → ヘモグロビン + 酸素

1	い
2	
3	循環
4	循環
5	血
6	血
7	い

2. 酸素解離曲線　わからなければ 23 へ

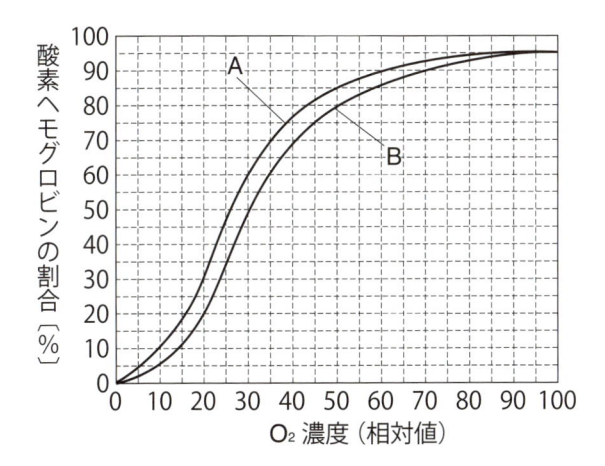

A…CO_2 濃度 40（相対値）　　B…CO_2 濃度 60（相対値）

O_2 濃度 50, CO_2 濃度 40 のときの酸素ヘモグロビンの割合＝ 8
O_2 濃度 20, CO_2 濃度 60 のときの酸素ヘモグロビンの割合＝ 9

8	％
9	％

3. 血液凝固　わからなければ 24 へ

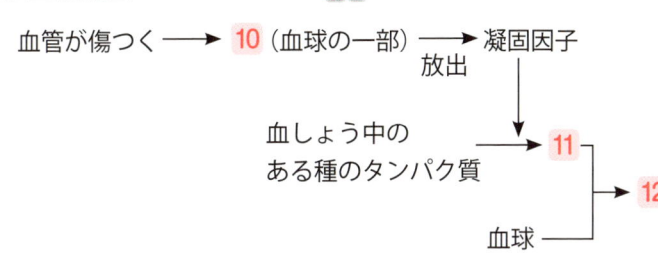

血管が傷つく → 10（血球の一部）→ 凝固因子
　　　　　　　　　　　　　　　　放出

血しょう中の
ある種のタンパク質 → 11 → 12

血球

10	
11	
12	

第3章　生物の体内環境の維持

69

25 肝臓の働き

◎肝臓のつくり

❶ 肝臓は肺の下やや右よりに位置する臓器で，ヒトの肝臓は成人で約1～2kgあり，最も大きい器官です。肝臓には心臓から送り出される血液の約3分の1が流れ込み，<u>肝臓は血液の成分をつくりかえて血液の状態を保ちます</u>。

> ヒトの肝臓の見た目の感じは，牛や豚のレバー(肝臓)に似ているといえば想像できるかな？

❷ 肝臓には，心臓からの**肝動脈**のほか，小腸などの消化器官から出る**肝門脈**からも血液が流れ込みます。
　　　　　　肝門脈から流れ込む血液のほうが多い。
[解説] 肝動脈からの血液には酸素が多く含まれているのに対して，肝門脈からの血液には小腸で吸収したグルコースやアミノ酸が多く含まれています。

> **重要ワード**
> **門脈** 器官から出た静脈の血液がふたたび別の器官に流れ込むとき，この血管を門脈という。

❸ 肝臓から物質が出て行く「管」には，血液が出ていく**肝静脈**と，十二指腸につながり**胆汁**が出ていく**胆管**の2つがあります。

◎肝臓の働き

肝臓は，次のように，さまざまな物質の合成・貯蔵や分解を行って血液の成分を調節していて，**体内の化学工場**ともよばれています。

❶ 肝臓は血液中のグルコースからグリコーゲンを合成したり，逆にグリコーゲンを分解してグルコースを増やしたりして<u>血液中の**血糖濃度**を一定(0.1%)に保ちます</u>。(→❸⓪・❸①)

❷ 体内でタンパク質やアミノ酸を分解すると有毒なアンモニア(NH_3)ができます。肝臓は，この<u>**アンモニア**を**尿素**に変えます</u>。尿素は血液で腎臓に運ばれ，尿の成分として体外に放出されます。

❸ 肝臓は**胆汁**を生成します。胆汁はいったん**胆のう**に蓄えられ，胆管を通り十二指腸に分泌されます。胆汁は脂肪の消化に関係します(乳化して消化液と混ざりやすくする)。
[解説] 肝臓は古い赤血球のヘモグロビンを分解して処理しますが，そのとき生じる**ビリルビン**という物質は胆汁に含まれて腸から体外に排出されます。

❹ 肝臓は，アルコールなどの有害な物質を分解して無毒な物質に変えます。この働きを**解毒作用**といいます。

❺ 肝臓は，アルブミンなど血しょう中に含まれる**タンパク質を合成**します。

❻ 肝臓は，さまざまな化学反応を行うため<u>熱が発生し，体温の維持に役だっています</u>。

> ★ **ポイント！**
> **肝臓**は「体内の化学工場」とよばれ，さまざまな化学反応を行う。
> **血糖量**調節，**尿素**合成(NH_3処理)，**胆汁**生成，解毒作用，タンパク質合成，熱発生など

図解まとめ の答え　①肝門脈　②胆管　③グリコーゲン　④尿素　⑤胆汁　⑥熱

図解まとめ

肝臓のつくり

右肺のすぐ下少しろっ骨にかくれる辺りにある。

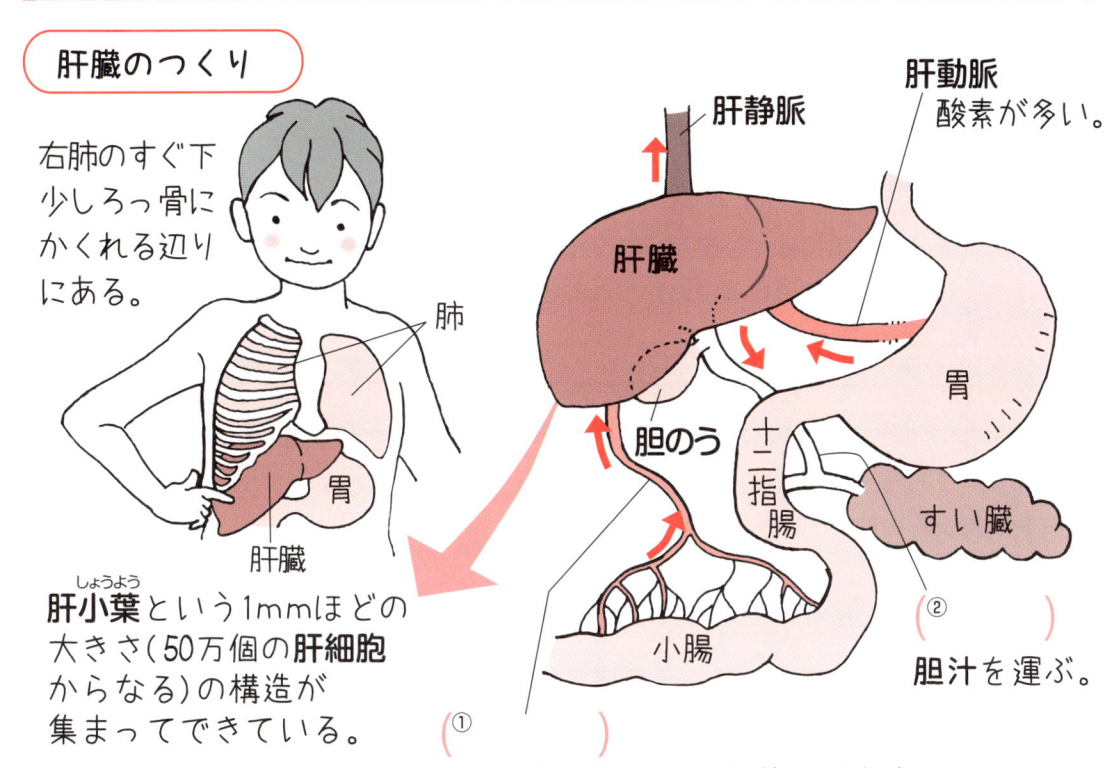

肝小葉という1mmほどの大きさ（50万個の**肝細胞**からなる）の構造が集まってできている。

肝動脈 酸素が多い。

肝静脈

胆汁を運ぶ。

① (　　　)
② (　　　)

小腸で吸収した栄養分が豊富。
肝動脈からよりも多くの血液が流入。

肝臓は「体内の化学工場」

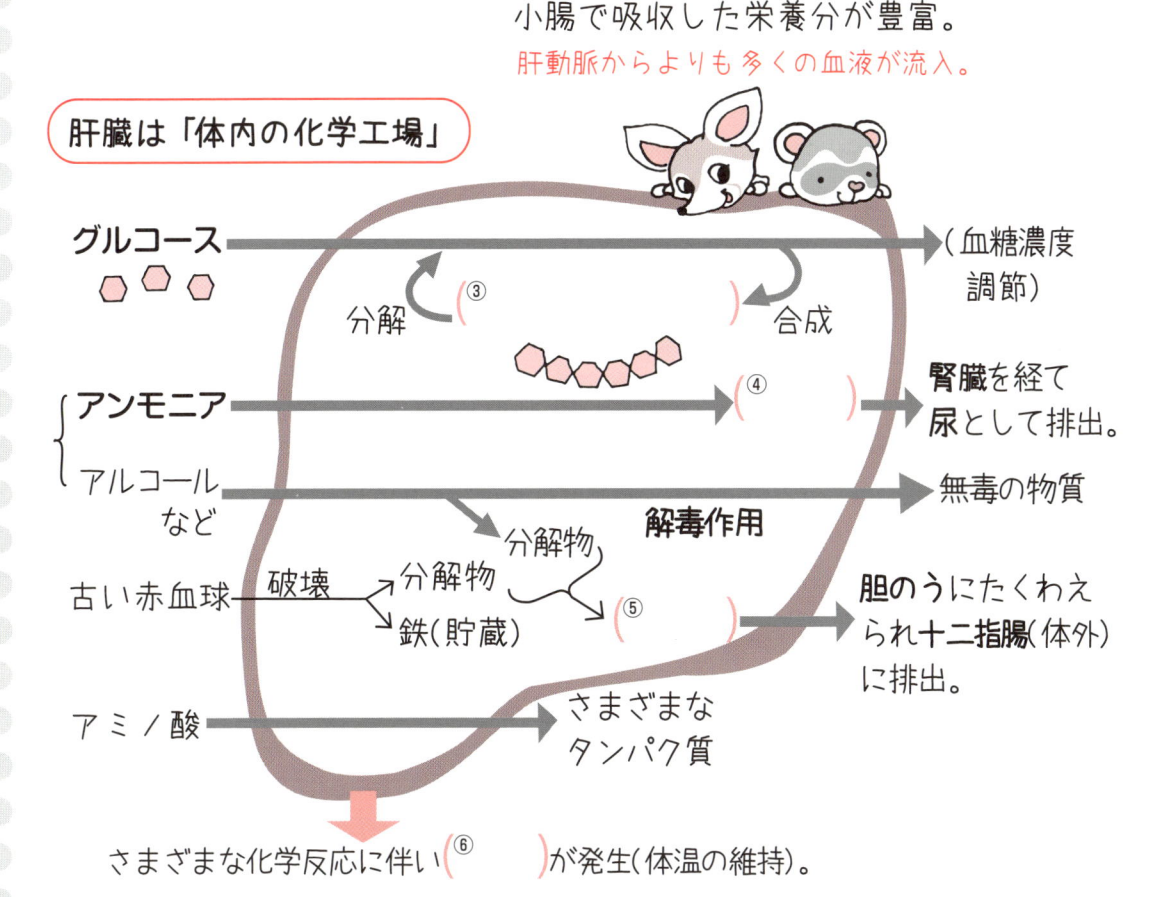

グルコース ── (血糖濃度調節)
　　分解 ③(　　) 合成

アンモニア ── ④(　　) **腎臓**を経て**尿**として排出。

アルコールなど ── 解毒作用 → 無毒の物質

古い赤血球 ─破壊→ 分解物／鉄(貯蔵) → 分解物 ⑤(　　) → 胆のうにたくわえられ十二指腸(体外)に排出。

アミノ酸 ── さまざまなタンパク質

さまざまな化学反応に伴い ⑥(　　) が発生(体温の維持)。

第3章 生物の体内環境の維持

71

26 腎臓の働き

◎腎臓のつくり

❶ 人の腎臓は，にぎりこぶし程度の大きさの臓器で，腹部の背中側に1対あります。腎臓には，心臓から送り出される血液の約4分の1が流れ込み，**腎臓はこの血液中に含まれる老廃物を分離し，尿として排出する働きがあります**。

> 腎臓の形は，よくソラマメにたとえられます。

❷ 腎動脈から入ってきた血液が腎臓内を通過する間に，体外に排出する物質と再利用する物質とに分離されます。この分離する過程で，**血液中の水分や塩類などの量が調節されます**。そして，体外に排出する物質は**輸尿管**を通って**尿**となり，再利用する物質は**腎静脈**を通って体内に戻っていきます。

> 排出される物質の代表的なものが，肝臓で合成された**尿素**ですね。

❸ 腎臓で尿を生成する単位構造を**ネフロン（腎単位）**といい，1つの腎臓に約100万個あります。

❹ ネフロンは，**腎小体**とそれに続く**細尿管**（腎細管）とからなります。腎小体は，毛細血管が集まった**糸球体**と，それを包む**ボーマンのう**とからなっています。

◎尿の生成

❶ 尿の生成は，**ろ過**と**再吸収**の2段階からなります。

❷ **ろ過**では，腎動脈から入ってきた血液の**血しょう成分のほとんどが糸球体からボーマンのうにこし出されます**。こし出された液を**原尿**といいます。原尿は**細尿管**に送られます。

❸ 原尿に含まれる物質のうち，再利用する物質は細尿管を取り囲む毛細血管に**再吸収**されます。特に，**グルコース**は100%再吸収されます。水や塩類の再吸収量はホルモンによって調整され，体液の濃度が一定に保たれます。

> [解説] 水は細尿管に続く集合管でも毛細血管に吸収されます。

❹ **尿素などの老廃物は，あまり再吸収されないため濃縮されます**。この再吸収されなかった成分は**尿**となります。尿は腎臓から**輸尿管**を通って出て行き，**ぼうこう**にためられた後，**尿道**を経て体外に排出されます。

🔑 ポイント！

★ **腎臓**の働き　①尿素やその他の老廃物を**尿**として排出する。
　　　　　　　　②尿の生成により**体液の量とその成分の調節**を行う。
★ 腎臓の基本単位…**ネフロン**＝**腎小体**（**糸球体**＋**ボーマンのう**）＋**細尿管**
★ 尿の生成　①**ろ過**…血しょうの成分を**ボーマンのう**にこし出す。
　　　　　　②**再吸収**…細尿管で，**原尿**から必要な成分を血管に戻す。

図解まとめ　の答え　①糸球体　②ボーマンのう　③輸尿　④ネフロン（腎単位）　⑤糸球体　⑥原尿　⑦タンパク質　⑧グルコース

図解まとめ

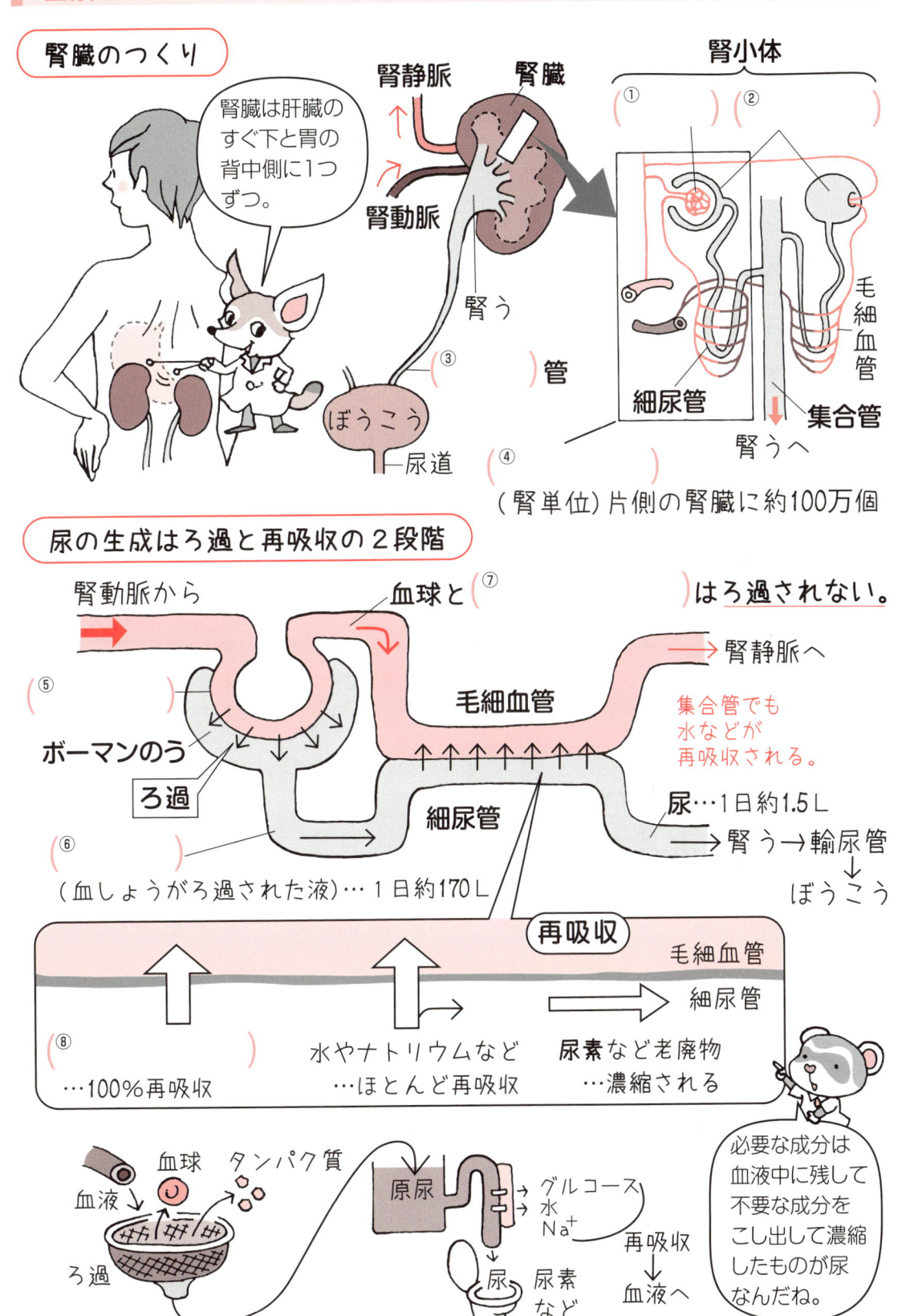

腎臓のつくり

腎臓は肝臓のすぐ下と胃の背中側に1つずつ。

腎静脈　腎臓　腎動脈　腎う　ぼうこう　尿道

腎小体
(①)　(②)
細尿管　集合管　毛細血管
腎うへ

(③)管
(④)（腎単位）片側の腎臓に約100万個

尿の生成はろ過と再吸収の2段階

腎動脈から　血球と(⑦)はろ過されない。

(⑤)
ボーマンのう
ろ過
(⑥)
（血しょうがろ過された液）…1日約170L

毛細血管　→腎静脈へ
集合管でも水などが再吸収される。
細尿管
尿…1日約1.5L
→腎う→輸尿管→ぼうこう

再吸収

毛細血管　細尿管
(⑧)…100％再吸収
水やナトリウムなど…ほとんど再吸収
尿素など老廃物…濃縮される

血液　血球　タンパク質　ろ過
原尿　→グルコース　水　Na⁺　再吸収→血液へ
尿　尿素など

必要な成分は血液中に残して不要な成分をこし出して濃縮したものが尿なんだね。

第3章 生物の体内環境の維持

27 尿の生成と成分

◎ろ過・再吸収と原尿・尿の成分

❶ ろ過，再吸収での血液成分の移動のタイプは4つに区分されます。

- ① ろ過されず，血しょう中に残る … 血球，タンパク質 ┐
- ② ろ過され，原尿からすべて再吸収される … グルコース ┘ 尿に含まれない
- ③ ろ過され，原尿からほとんどが再吸収される … 水，Na^+，K^+
- ④ ろ過され，再吸収されにくい … 尿素 ← 尿中に濃縮される

❷ 濃縮率は，血しょう中の濃度に対して何倍濃くなって（濃縮されて）尿中に排出されたかを示す値です。

$$濃縮率 = \frac{尿中の濃度}{血しょう中の濃度}$$

❸ 尿素のような老廃物は，再吸収されにくいので濃縮されて排出されます。血しょう，原尿，尿中の各成分の濃度をくらべると次の表のようになり，ろ過されるかされないか，再吸収されやすいかされないかがわかります。

■ 血しょう・原尿・尿中の成分の比較

	血しょう〔％〕	原尿〔％〕	尿〔％〕	濃縮率
タンパク質	7〜8 → ろ過されない → 0		0	0
グルコース	0.1 ＝ 0.1 → すべて再吸収 → 0			0
Na^+	0.3 ＝ 0.3		0.34	1.1
尿 素	0.03 ＝ 0.03 → 濃縮される → 2			67

解説　ボーマンのうの原尿を採取することはできないので，原尿中の濃度は理論値です。血しょう中の血球やタンパク質を除いた成分がすべてろ過されると考え，ろ過された成分に関しては，原尿中の濃度＝血しょう中の濃度と考えます。

ポイント!
★ 原尿中の有用な成分（グルコース，水など）は多くが血管に再吸収され，老廃物（尿素など）は再吸収されにくく，尿中に濃縮して排出される。
★ ろ過されない物質とすべて再吸収される物質は，尿中の濃度 0。

例題 空欄の答え　①12　②0.1　③120　④$\frac{1}{120}$　⑤180

例題 イヌリンは植物がつくる物質で，ヒトの体内には存在せず，人体に無害であると同時に利用もされない物質です。イヌリンはボーマンのうにろ過された後，再吸収されずにすべて尿中に排出されることから，原尿の量を調べるために用いられます。

次の表は，イヌリンを健康なヒトの静脈に注射して，一定時間経過した後の血しょう，原尿，尿に含まれるイヌリンと尿素の濃度〔%〕を示しています*。以下の各問いに答えなさい。

	血しょう〔%〕	原尿〔%〕**	尿〔%〕
イヌリン	0.1	0.1	12
尿　素	0.03	0.03	2.0

* 濃度は質量パーセント濃度。　** 原尿中の濃度は理論値。

(1) イヌリンの濃縮率 $\left[\dfrac{尿中の濃度}{血しょう中の濃度}\right]$ を求めなさい。

(2) 1日に 1.5 L の尿が排出された場合，1日の原尿量は何 L ですか。

解きかた

(1) 濃縮率 = $\dfrac{尿中の濃度}{血しょう中の濃度}$ = $\dfrac{(①)\%}{(②)\%}$ = (③　　　) 倍　**答**

(2) 次の順で考えましょう。

― 糸球体とボーマンのうの中とで濃度が同じということ。

① 血しょう中と原尿中の濃度は同じで，原尿から尿への濃縮率も(1)で求めた 120 倍になる。

② イヌリンは再吸収されず原尿に溶けていた量すべてが尿に移行する。原尿と尿に含まれている量が同じで濃度が 120 倍になるので，体積は (④　　　) 倍になっているといえる。そこで，尿の体積を 120 倍すれば原尿の体積になる。

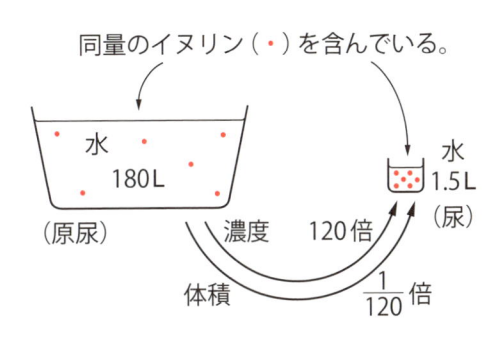

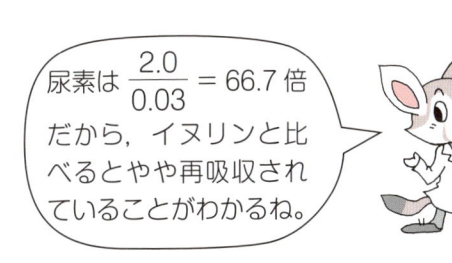

　　1.5 L × 120 倍
　　= (⑤　　　) L　**答**

尿素は $\dfrac{2.0}{0.03} = 66.7$ 倍だから，イヌリンと比べるとやや再吸収されていることがわかるね。

確認テスト 10

合格点：17問／27問

解答→別冊 p.8〜9

テストに出る用語を確認！

1 わからなければ 25 へ

1. ヒトでは最も大きい臓器で，さまざまな代謝を行い「体内の化学工場」といわれる器官は何ですか。

2. 小腸などの消化管から出て肝臓につながる静脈を特に何といいますか。

3. 血中のグルコースは，肝臓で何という物質に合成され，貯蔵されますか。

4. 有毒なアンモニアは，肝臓で何という物質に変えられますか。

5. 有害物質を分解し，無害な物質に変える働きを何といいますか。

6. 肝臓でつくられ，脂肪の消化に関わる消化液は何ですか。

7. 肝臓から出る管で，6が十二指腸に分泌される際に通る管を何といいますか。

2 わからなければ 26 へ

8. 血液から老廃物を分離し，尿として排出している器官は何ですか。

9. 8が尿を生成する働きのうえでの単位となる構造を何といいますか。

10. 9で，糸球体とボーマンのうからなり，血液をろ過する部分を何といいますか。

11. 血液を糸球体からボーマンのうにこし出した液を何といいますか。

12. 腎臓でつくられた尿は，何という管を通ってぼうこうに送られますか。

3 わからなければ 27 へ

13. タンパク質や血球が尿中に含まれないのはなぜですか。

14. グルコースが尿中に含まれないのはなぜですか。

> テストに出る**図を確認**！

1. 肝臓とまわりの器官　◀わからなければ**25**へ

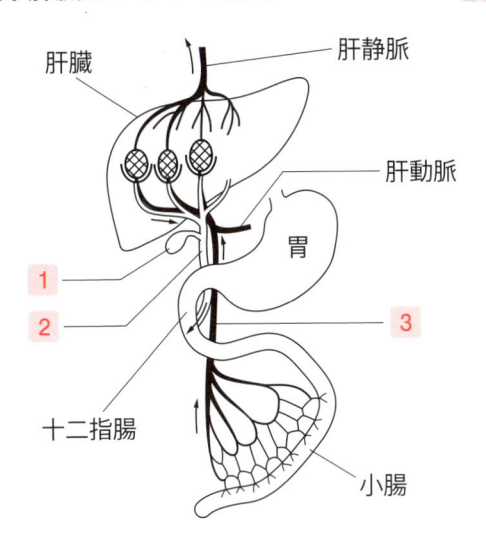

図中ラベル：肝臓、肝静脈、肝動脈、胃、1、2、3、十二指腸、小腸

1 _____
2 _____
3 _____

2. 尿の生成　◀わからなければ**26**へ

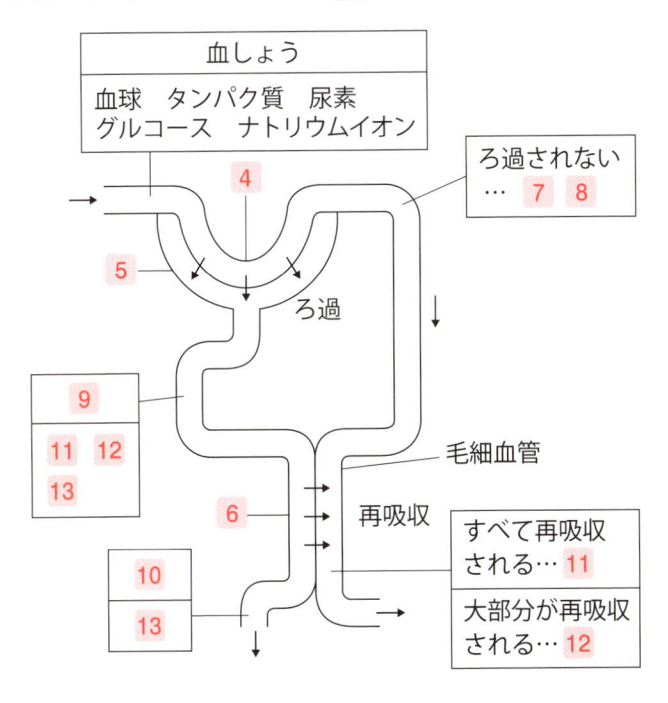

図中ラベル：血しょう（血球　タンパク質　尿素　グルコース　ナトリウムイオン）、ろ過されない…7　8、ろ過、4、5、9、11　12、13、6、10、13、毛細血管、再吸収、すべて再吸収される…11、大部分が再吸収される…12

4 _____
5 _____
6 _____
7 _____
8 _____
9 _____
10 _____
11 _____
12 _____
13 _____

第3章　生物の体内環境の維持

77

28 自律神経系による調節

◎自律神経系

❶ 体内環境の維持には，肝臓，腎臓をはじめ多数の器官が働いています。**自律神経はホルモン**（→㉙）と協同して働き，それらの器官に適切な指示を伝えています。

❷ 各器官に対する指示は，自律神経系では電気信号によって瞬時に伝わり，ホルモンでは血流に乗ってゆっくり持続的に伝わります。

❸ **自律神経系**の**中枢**は**間脳の視床下部**です。間脳の視床下部は体内環境の状態を感知して，自律神経を通じて各器官に指令を出しています。つまり，体内環境の調節は無意識のうちに行われます。

❹ 自律神経系は，**交感神経**と**副交感神経**とからなります。多くの場合，**交感神経と副交感神経は同一の器官に分布し，一方がその器官の働きを促進し，他方が抑制します**。言い換えると，交感神経と副交感神経は，互いに**拮抗的**に作用してその器官の働きを調節しています。

❺ 一般的に，**交感神経は興奮状態や活発に活動するときに**からだがうまく動くように働きます。心拍が激しくなって全身の筋肉により多くの酸素を送るなど，闘争したり逃走したりするときに生き残るための神経といえます。

❻ 逆に，**副交感神経はリラックスしたときに休息してエネルギーを蓄えるように**働きます。心臓などの動きは抑制される一方で，消化管の働きは促進されます。

> **重要ワード**
>
> **神経と神経系** 神経系は同じ働きをもつ神経をまとめたもの。各器官に分布する個々の交感神経や副交感神経が「自律神経」で，「自律神経系」は１個体がもつ交感神経と副交感神経の全体を指す。
>
> **中枢** 神経細胞が集中していて情報の処理や統合を行う部分。脊椎動物の中枢神経系は脳と脊髄からなり，体内調節の中枢のほか感覚中枢や運動中枢がある。

【表】自律神経のおもな働き

作用する器官	ひとみ（瞳孔）	心臓の拍動	血圧	胃や小腸の運動	立毛筋	排尿（ぼうこう収縮）
交感神経	拡大	促進	上げる	抑制	収縮	抑制
副交感神経	縮小	抑制	下げる	促進	（分布なし）	促進

> **ポイント！**
>
> ★ **自律神経系**と**ホルモン**は，それぞれ体内環境を一定に保つために体内の各器官の働きを無意識に調節する。
>
> ★ 自律神経系 ┌ **交感神経**…おもに活発に活動するときに働く。
> 　　　　　　 └ **副交感神経**…おもに休息時やリラックスしたときに働く。

図解まとめ の答え ①視床下部 ②自律 ③交感 ④副交感 ⑤促進 ⑥抑制

図解まとめ

自律神経系

体外環境・体内環境の変化 → 大脳／小脳

中枢：間脳の（①　　　　）（センサー）

（②　　　　）神経系
- 交感神経
- 副交感神経

電気信号で器官の働きを促進または抑制する。

器官X：促進／抑制　器官Y：抑制／促進

> 交感神経と副交感神経はアクセルとブレーキのように互いに逆の働きをして体内環境が適切な範囲に保たれるように調節しているよ。

（③　　　　）神経は興奮・緊張するときに働く

- ひとみが大きくなる（ヒトの目・ネコの目）
- 顔色が青ざめる　皮膚の血管収縮
- 血圧が上がる
- 胸がドキドキ　心臓の拍動
- 毛が逆立つ・鳥肌　立毛筋の収縮
- 胃腸の運動やぼうこうの収縮（⑥　　　　）

→ 戦ったり逃げる必要があるとき，食べ物の消化・吸収に血液を使ったり，おしっこしたくなったりしたら大変！

（④　　　　）神経は休息するときに働く

- 心臓の拍動ゆったり　←血流量を減らしてエネルギーの消費を抑える。
- 胃腸の運動活発になる

→ 手足の筋肉が酸素や栄養分をあまり必要としない間に，消化器官に血液を送り込んで栄養分を取り込む。

第3章　生物の体内環境の維持

29 ホルモンとその働き

◎ホルモンと内分泌系

❶ **ホルモン**は，自律神経とともに体内環境の維持のため各器官に適切な指示を伝える化学物質です。ホルモンによる調節のしくみを**内分泌系**といいます。

❷ ホルモンは，**内分泌腺**とよばれる器官でつくられ，血液中に放出されます。血液の循環によりホルモンは全身に行き渡りますが，**各ホルモンはそれぞれ特定の器官（標的器官）に作用し，その働きを促進（または抑制）します。**

[解説] 血液中に分泌物を放出する内分泌腺に対して，排出管を通して外部に分泌物を放出する汗腺やだ腺などを**外分泌腺**といいます。

◎ホルモンが作用するしくみ

❶ 血液の循環によりホルモンは全身に行き渡りますが，**各ホルモンは標的器官に対してだけごく微量で作用します。**どのようなしくみによって作用するのでしょうか？

❷ 標的器官には標的細胞があり，その細胞膜あるいは細胞内には特定のホルモンだけを受け取る**受容体**（タンパク質でできている）があります。**標的細胞の受容体にホルモンが結合することにより，その器官の働きが調節されます。**

◎おもな内分泌腺

脳下垂体前葉は他の内分泌腺を調節する働きもあるよ（→30）。

内分泌腺		ホルモン	ホルモンの働き
脳下垂体前葉		成長ホルモン	タンパク質合成促進，骨の成長促進
脳下垂体後葉		バソプレシン	腎臓での水の再吸収を促進，血圧上昇
甲状腺		チロキシン	代謝を促進
すい臓ランゲルハンス島	A細胞	グルカゴン	血糖濃度を上げる
	B細胞	インスリン	血糖濃度を下げる
副腎皮質		糖質コルチコイド	肝臓でのタンパク質の糖化を促進
		鉱質コルチコイド	細尿管でのNa^+の再吸収を促進
副腎髄質		アドレナリン	血糖濃度を上げる

ポイント！
★ **内分泌系**…**ホルモン**という化学物質が器官の働きを調節する。
★ ホルモンは，**内分泌腺**から血液によって運ばれ，特定の器官（**標的器官**）の**受容体**に結合することで，標的器官の働きを調節する。

図解まとめ の答え ①ホルモン ②脳下垂体 ③甲状腺 ④副腎 ⑤すい臓

図解まとめ

内分泌腺とホルモン

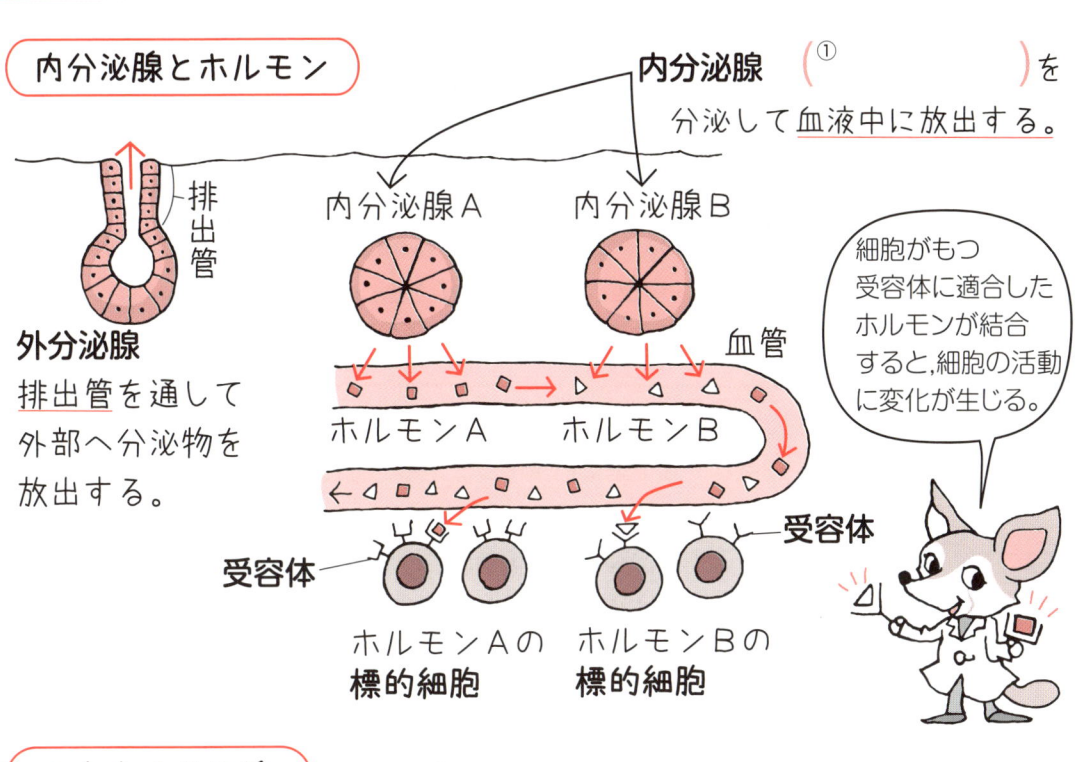

内分泌腺（①　　　　　）を分泌して血液中に放出する。

外分泌腺
排出管を通して外部へ分泌物を放出する。

細胞がもつ受容体に適合したホルモンが結合すると、細胞の活動に変化が生じる。

おもな内分泌腺

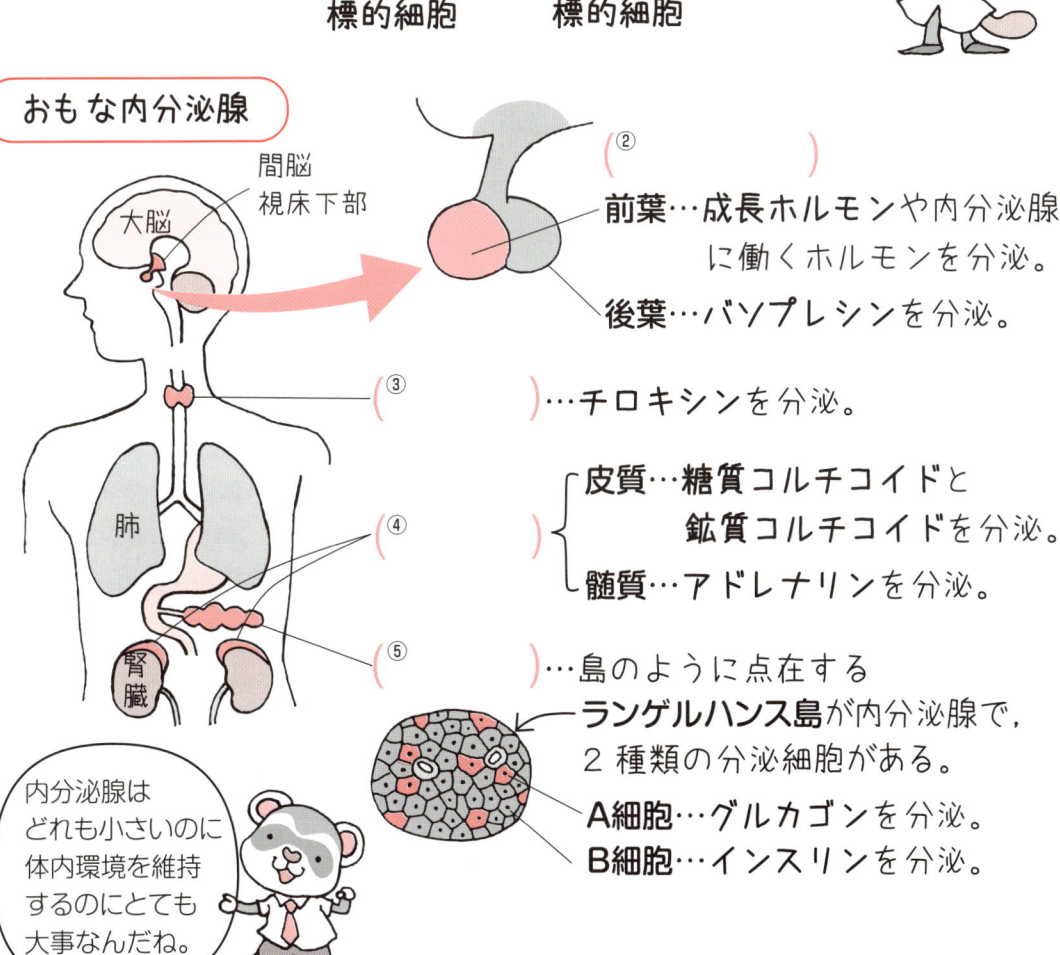

間脳 視床下部

（②　　　　　）
前葉…成長ホルモンや内分泌腺に働くホルモンを分泌。
後葉…バソプレシンを分泌。

（③　　　　　）…チロキシンを分泌。

（④　　　　　）
皮質…糖質コルチコイドと鉱質コルチコイドを分泌。
髄質…アドレナリンを分泌。

（⑤　　　　　）…島のように点在する**ランゲルハンス島**が内分泌腺で、2種類の分泌細胞がある。
A細胞…グルカゴンを分泌。
B細胞…インスリンを分泌。

内分泌腺はどれも小さいのに体内環境を維持するのにとても大事なんだね。

第3章 生物の体内環境の維持

81

30 ホルモンによる調節

◎内分泌系の中枢－間脳視床下部

微量で調節作用を示すホルモンは，血中濃度が高すぎても低すぎても体内の状態を適度に保てません。ホルモンの分泌量は，どうやって正確に調整されているのでしょう？

❶ **間脳**の**視床下部**は内分泌系の**中枢**で，体内の状態を感知してホルモンの分泌を調節します。視床下部は，脳下垂体を通じて体内の臓器の働きを調節します。

> 視床下部は，自律神経系の中枢でもありましたね。

❷ 視床下部にはホルモンを分泌する特別な細胞があり，これを**神経分泌細胞**といいます。**視床下部の神経分泌細胞は，脳下垂体前葉につながる毛細血管に放出ホルモンを分泌し**，これによって脳下垂体前葉は種々のホルモンを分泌するようになります。

❸ また，視床下部の神経分泌細胞は脳下垂体後葉にのびていて，脳下垂体後葉から分泌される**バソプレシン**は，この神経分泌細胞が合成しています。

◎脳下垂体前葉と内分泌系の調節

脳下垂体前葉は，成長ホルモンのほかに甲状腺の成長やチロキシンの分泌をうながす**甲状腺刺激ホルモン**や，副腎皮質ホルモンの分泌をうながす**副腎皮質刺激ホルモン**を分泌し，内分泌系の中心的な役割を担っています。

> 副腎皮質から分泌されるホルモンをまとめて**副腎皮質ホルモン**とよびます。同様に，チロキシンに代表される甲状腺が分泌するホルモンを**甲状腺ホルモン**とよびます。

◎甲状腺ホルモンの分泌調節

❶ 甲状腺ホルモンの**チロキシン**が不足すると，間脳の視床下部は，血液中のチロキシン濃度を感知して，甲状腺刺激ホルモン放出ホルモンを分泌します。

❷ この放出ホルモンの作用で，**脳下垂体前葉は甲状腺刺激ホルモンを分泌**します。

❸ 甲状腺刺激ホルモンは，甲状腺のチロキシン分泌を促進します。

❹ チロキシンの血中濃度が十分上昇すると，視床下部と脳下垂体前葉はそれを感知して，それぞれホルモンの分泌を抑制し，その結果，甲状腺のチロキシン分泌も減少します。

❺ このチロキシンの分泌調節のように，調節された結果が調節の過程をさかのぼって原因として作用するしくみを**フィードバック**といいます。

> [解説] このチロキシン分泌の例のように結果（最終産物の増加）が逆の作用（分泌抑制）に働く場合を，負のフィードバックといいます。

★ 内分泌系の中枢は**間脳**の**視床下部**で，**脳下垂体**を介して内分泌腺を調節するホルモンを出す。

★ **フィードバック**…一連の調節系の結果が，最初の段階までさかのぼって促進または抑制に働くこと。

図解まとめ の答え　①前葉　②視床下部　③後葉　④神経分泌　⑤甲状腺　⑥チロキシン　⑦フィードバック

図解まとめ

間脳視床下部と脳下垂体前葉

脳下垂体（①　　）　　間脳（②　　）

脳下垂体前葉のホルモンは間脳視床下部の神経分泌細胞が放出した放出ホルモンや放出抑制ホルモンによって調整される。

脳下垂体（③　　）

バソプレシン：間脳視床下部から伸びてきた（④　　）細胞から脳下垂体後葉の毛細血管に放出される。

腎臓の集合管で水の再吸収が促進される。

成長ホルモン
↓
全身のタンパク質合成や骨の発育などを促進。

甲状腺刺激ホルモン
↓
甲状腺にチロキシンを分泌させる。

副腎皮質刺激ホルモン
↓
副腎皮質に糖質コルチコイドを分泌させる。

間脳視床下部は自律神経も合わせた恒常性維持の中枢なんだ。

甲状腺ホルモンの分泌調整

血液中のチロキシン濃度低下

間脳視床下部 → 甲状腺刺激ホルモン放出ホルモン → 脳下垂体前葉 →（⑤　　）刺激ホルモン → 甲状腺 →（⑥　　）分泌増加 → 標的器官　代謝促進

血液中のチロキシン濃度上昇 → 間脳視床下部（もう十分）→ 分泌減少 → 脳下垂体前葉 → 分泌減少 → 甲状腺 → チロキシン分泌減少

調節の結果が原因となり影響することを（⑦　　）という。

正のフィードバック：もっと勉強する
負のフィードバック：満足してしまいやめる

勉強する → 成績が上がる

第3章　生物の体内環境の維持

確認テスト⑪

合格点:18問／30問

解答→別冊 p.9

テストに出る用語を確認！

1 わからなければ❷へ

1. 無意識のうちにからだの各器官や細胞の働きを調節して体内環境を一定に保つ働きをもつ神経系を何といいますか。

2. ①の神経系の中枢は，何という脳の何という部分にありますか。

3. ①の神経系は2つの神経に分けられますが，おもに活発に活動するときに働くほうの神経を何といいますか。

4. ①のうち，おもに休息時やリラックスしたときに働く神経を何といいますか。

5. ③の神経は，心臓の拍動を促進しますか，抑制しますか。

6. ④の神経が促進するのは，ひとみの拡大と，胃や腸のぜん動（くびれることをくり返して内容物を移動させる）運動のどちらですか。

2 わからなければ❷へ

7. ホルモンをつくり，分泌する器官を何といいますか。

8. ⑦でつくられたホルモンは，どこに放出されますか。

9. 汗腺やだ腺のように，排出管を通して分泌物を体外に放出する器官を何といいますか。

10. 各ホルモンが作用する特定の器官のことを何といいますか。

11. ⑩の器官の細胞の表面または内部にあり，特定のホルモンを受け取るタンパク質を何といいますか。

3 わからなければ❸へ

12. ホルモンによる調節の中枢は，何という脳の何という部分にありますか。

13. 視床下部に見られ，ホルモンを分泌する特別な神経細胞を何といいますか。

14. 視床下部から分泌され，脳下垂体前葉を刺激し，種々のホルモンを分泌させる働きをもつホルモンを何といいますか。

15. 甲状腺から分泌され，代謝を促進する代表的なホルモンを何といいますか。

16. ホルモンによる調節などに見られ，調節の結果が最初の段階までさかのぼって原因として作用することを何といいますか。

テストに出る図を確認！

1. 自律神経　わからなければ28へ

	1 神経	2 神経
中　枢	3	3
心臓の拍動への働き	促進	抑制
胃や腸のぜん動への働き	4	5
立毛筋への働き	6	分布しない

1 _____ 神経
2 _____ 神経
3 _____
4 _____
5 _____
6 _____

2. 内分泌腺　わからなければ29へ

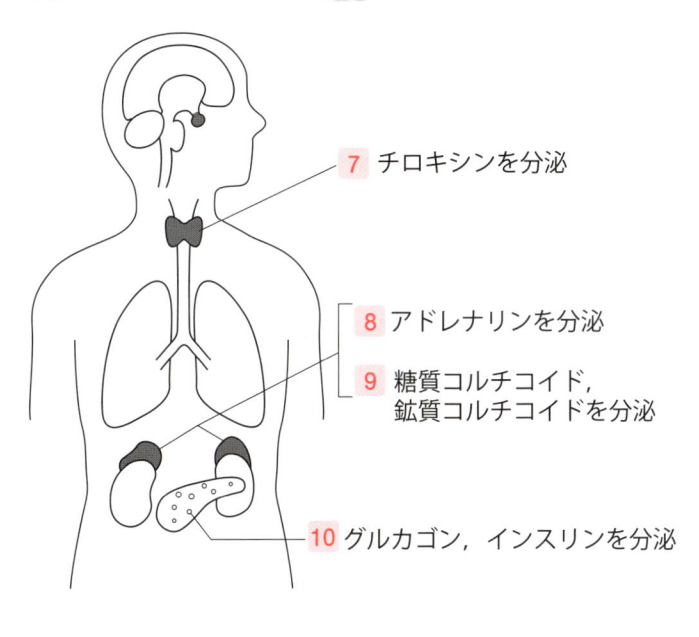

7 チロキシンを分泌
8 アドレナリンを分泌
9 糖質コルチコイド，鉱質コルチコイドを分泌
10 グルカゴン，インスリンを分泌

7 _____
8 _____
9 _____
10 _____

3. ホルモンによる調整　わからなければ30へ

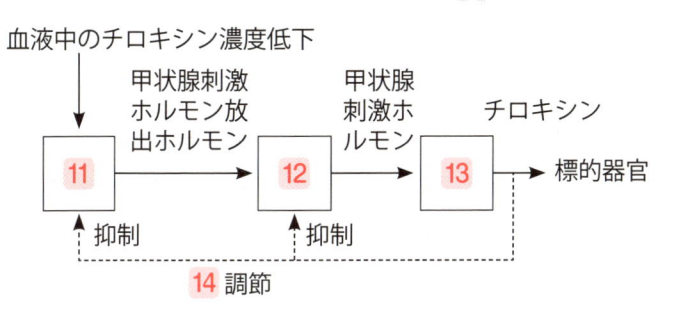

血液中のチロキシン濃度低下 → 11（甲状腺刺激ホルモン放出ホルモン）→ 12（甲状腺刺激ホルモン）→ 13（チロキシン）→ 標的器官

↑抑制　↑抑制　14 調節

11 _____
12 _____
13 _____
14 _____

第3章　生物の体内環境の維持

31 血糖濃度の変化とホルモン

◎血糖濃度

❶ ⑨では，細胞でグルコースを分解してエネルギーを取り出し，ATP を生成する呼吸のしくみについて学習しました。この生命活動のためのエネルギー源となる**グルコース**は，血液によって全身の組織に運ばれます。

> **重要ワード**
> **血糖** 糖には砂糖の主成分であるスクロースや果糖ともよばれるフルクトースなどの種類があるが，血糖とは血液中のグルコースのこと。

「血糖値」ともよばれる。

❷ 血液中の血糖濃度は，ヒトの場合 **0.1%**（空腹時）で，大きく変化することはなく，安定しています。これは，血液 100mL あたりグルコースが 100mg 含まれているということで，「100mg/100mL」とも書き表されます。

❸ 血糖濃度は，肝臓でおもにグリコーゲンを分解したり合成したりすることで増減します（→㉕）。この働きは，自律神経系やホルモンの働きによって自動的に調節されています。

◎血糖濃度の変化とホルモン

❶ グルコースは，食べ物の消化・吸収によりおもに小腸の毛細血管から血液中に取り込まれます。そのため，**食事の直後には血糖濃度が上昇します**。

> ご飯やパンに含まれているデンプンは消化酵素によってグルコースに分解されるのでしたね。

❷ グルコースは重要なエネルギー源ですが，血糖濃度が高すぎる（**高血糖**）と血液の水分やその他成分のバランスが崩れたり，長く続くと全身の血管や神経などが傷ついてさまざまな病気にかかりやすくなったりします。

　解説 血糖濃度が高すぎて尿の生成過程で原尿中のグルコースを再吸収しきれず，グルコースが尿中に排出されるほど高血糖の状態が続くのが**糖尿病**です。

❸ そこで，血糖濃度が正常な値を上回ると**すい臓のランゲルハンス島**にある **B 細胞**からの**インスリン**の分泌が増加します。すると，肝臓が血液中のグルコースを取り込んでグリコーゲンを合成し貯蔵するため，血糖濃度は下がります。

❹ 逆に，血糖濃度が著しく低下すると（**低血糖**），けいれんが起きたり昏睡状態になるなど，生命の危機を招きます。そのため血糖濃度が正常な値より下がるとすい臓のランゲルハンス島にある **A 細胞**からの**グルカゴン**の分泌が増加し，肝臓が貯蔵しているグリコーゲンを分解してグルコースをつくり，血糖濃度を上げます。

ポイント！
★ **血糖濃度は，ほぼ 0.1%（= 100mg/100mL）に保たれている。**
★ **すい臓のランゲルハンス島は血糖濃度を上下させるホルモンを両方出す。**
　{ 血糖濃度を**上げる**ホルモン…**グルカゴン**
　{ 血糖濃度を**下げる**ホルモン…**インスリン**

86　**図解まとめ** の答え　①0.1　②糖尿病　③A　④グルカゴン　⑤B　⑥インスリン　⑦インスリン

図解まとめ

ヒトの血糖濃度は約（ ① 　）％ ← $\frac{100mg}{100mL}$ 血液100mLあたりグルコース100mg

低すぎると…
全身の細胞が呼吸に使うグルコースの不足で動けなくなる。

動悸・冷や汗・全身のふるえ・けいれん・意識喪失

高すぎると…
正常値に戻らない病気が（ ② 　）。さまざまな病気にかかりやすくなる。

← 腎臓の再吸収能力を超えるため、グルコースが尿中に排出される。

神経や血管が傷んでしまい目や腎臓の病気など全身の機能が影響を受ける。

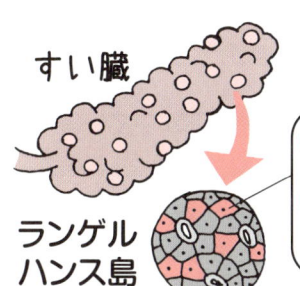

血糖濃度の調節

すい臓 → ランゲルハンス島

すい臓のランゲルハンス島は血糖濃度を上げるホルモンを出す細胞と、血糖濃度を下げるホルモンを出す細胞が両方存在するんだ。

（ ③ 　）細胞
（ ④ 　）を分泌

（ ⑤ 　）細胞
（ ⑥ 　）を分泌

肝臓

分解を促進
グリコーゲン → 分解 → グルコース
血糖濃度上昇　放出

合成を促進
グルコース → 合成 → グリコーゲン
血糖濃度低下　貯蔵

食事をして血糖濃度が上昇するとすぐ（ ⑦ 　）の分泌量が増えて血糖濃度を下げる。

逆に血糖濃度を上げるグルカゴンは分泌量が減少する。

第3章　生物の体内環境の維持

32 血糖濃度の調節

◎高血糖のときの調節

❶ 血糖調節中枢は，**間脳の視床下部**にあります。食事などで糖分が吸収された後など，高血糖の血液が視床下部を流れると，これを感知します。

❷ 高血糖が感知されると，視床下部は**副交感神経**を通してすい臓のランゲルハンス島のB細胞に情報を伝えます。情報を受け取ったB細胞は，**インスリン**を分泌します。

> 副交感神経を介さず，直接すい臓に高血糖の血液が流れることでもインスリンは分泌されます。

❸ インスリンは肝臓の細胞に作用します。**肝臓では，血液中のグルコースを取り込んでグリコーゲンを合成する反応が促進されます**。このように，血液中で過剰になったグルコースは，肝臓でグリコーゲンに変えられて貯蔵されます。

❹ また，インスリンは，各組織の細胞でグルコースを取り込んで消費する活動も促進します。このような調節により**血糖濃度が低下します**。

◎低血糖のときの調節

❶ 空腹のときや激しい運動をしたときなど，低血糖の血液が間脳視床下部やすい臓を流れると，視床下部およびすい臓は，低血糖であることを感知します。

❷ 低血糖が感知されると，視床下部から**交感神経**を通してすい臓のランゲルハンス島のA細胞と副腎髄質に情報を伝えます。低血糖の情報を受け取ると，**ランゲルハンス島のA細胞は グルカゴン を分泌し，副腎髄質は アドレナリン を分泌します**。

❸ グルカゴンとアドレナリンは肝臓の細胞に作用し，**肝臓に貯蔵されているグリコーゲンの分解を促進**します。分解によってグルコースが生じ，**血糖濃度が上昇します**。

> インスリンとは逆の作用ですね。

❹ また，視床下部からホルモンにより**脳下垂体前葉**を経て（副腎皮質刺激ホルモンを介して）**副腎皮質**に低血糖の情報が伝えられる経路もあります。情報を受け取った**副腎皮質**は，**糖質コルチコイド**を分泌します。糖質コルチコイドはタンパク質からグルコースへの変化を促進し，**血糖濃度を上昇させます**。

ポイント！

★ **高血糖時**
間脳視床下部－（副交感神経）→ランゲルハンス島B細胞
　　　　　　　　　　　　　　　…**インスリン** ➡ 血糖濃度**低下**

★ **低血糖時**
間脳視床下部┬→脳下垂体前葉→副腎皮質…**糖質コルチコイド**┐
　　　　　　└（交感神経）┬→副腎髄質　　…**アドレナリン**├ 血糖濃度**上昇**
　　　　　　　　　　　　└→ランゲルハンス島A細胞
　　　　　　　　　　　　　　…**グルカゴン**┘

図解まとめ の答え　①B細胞　②インスリン　③交感神経　④A細胞　⑤グルカゴン　⑥アドレナリン　⑦糖質コルチコイド

図解まとめ

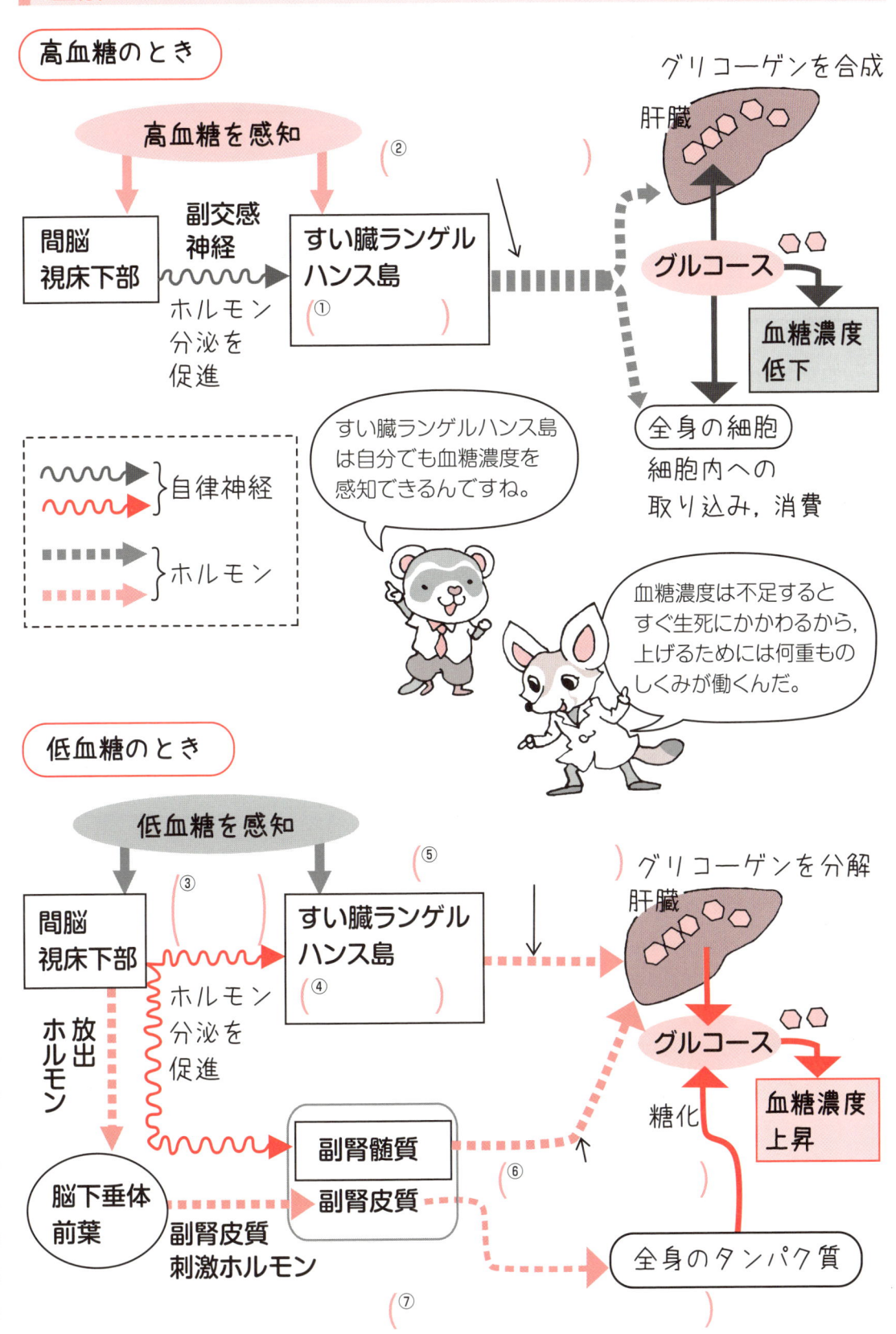

高血糖のとき

- 高血糖を感知
- 間脳視床下部 →（副交感神経・ホルモン分泌を促進）→ すい臓ランゲルハンス島（①　）
- ②（　）
- 肝臓：グリコーゲンを合成
- グルコース → 血糖濃度低下
- 全身の細胞：細胞内への取り込み，消費

凡例：
- 〜〜▶ 自律神経
- ---▶ ホルモン

「すい臓ランゲルハンス島は自分でも血糖濃度を感知できるんですね。」

「血糖濃度は不足するとすぐ生死にかかわるから，上げるためには何重ものしくみが働くんだ。」

低血糖のとき

- 低血糖を感知
- 間脳視床下部
  - ③（　）→ すい臓ランゲルハンス島（④　）
  - ⑤（　）
  - 放出ホルモン → 脳下垂体前葉 → 副腎皮質刺激ホルモン → 副腎皮質
  - → 副腎髄質
- 肝臓：グリコーゲンを分解
- グルコース
- ⑥
- 全身のタンパク質 → 糖化 → グルコース
- 血糖濃度上昇
- ⑦

第3章 生物の体内環境の維持

89

確認テスト 12

合格点:18問／29問

解答→別冊 p.9〜10

テストに出る**用語を確認！**

1 わからなければ **31** へ

1. 血糖とは，血液中の何という物質のことをいいますか。

2. 健康なヒトの場合，血糖は血液 100mL あたり約何 mg 含まれますか。

3. 血糖濃度が下がらず，グルコースが尿中に排出される病気を何といいますか。

4. 血糖濃度は，肝臓に貯蔵される何という物質の分解や合成で調節されますか。

5. 血糖濃度の増減を感知しているのは，間脳の何という部分ですか。

6. 血糖濃度を下げるときに働く，すい臓から分泌されるホルモンの名称は何ですか。

7. 血糖濃度を上げるときに働く，すい臓から分泌されるホルモンの名称は何ですか。

2 わからなければ **32** へ

8. 自律神経系のうち，高血糖のときに働く神経は交感神経と副交感神経のどちらですか。

9. 8の神経からの情報や自ら感知した高い血糖濃度によりインスリンを分泌するのは，すい臓のどの部分の何という細胞ですか。

10. インスリンが肝臓に作用すると，どのようなしくみで血糖濃度が下がりますか。

11. 自律神経系のうち，低血糖のときに働く神経を何といいますか。

12. 11の神経からの情報により，グルカゴンを分泌するのは，すい臓のどの部分の何という細胞ですか。

13. 11の神経からの情報により，副腎髄質から何というホルモンが分泌されますか。

14. 血糖濃度を上げるためグルカゴンや13のホルモンが促進する肝臓の働きは何ですか。

15. 低血糖のとき副腎皮質から分泌されるホルモンは何ですか。

テストに出る図を確認！

1. 血糖とホルモンの濃度変化　◀わからなければ **31** へ

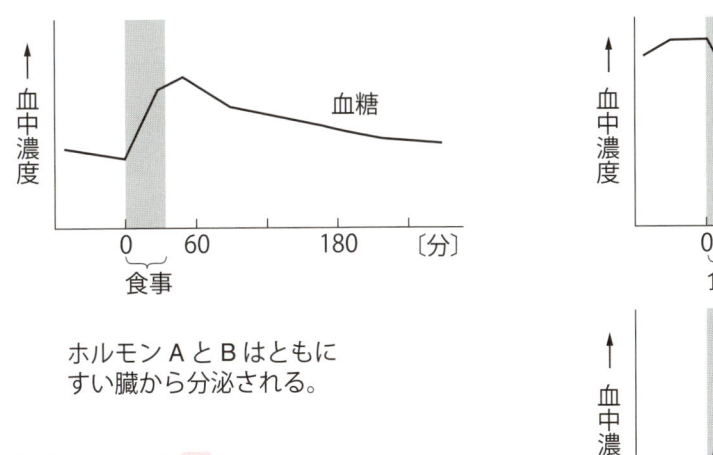

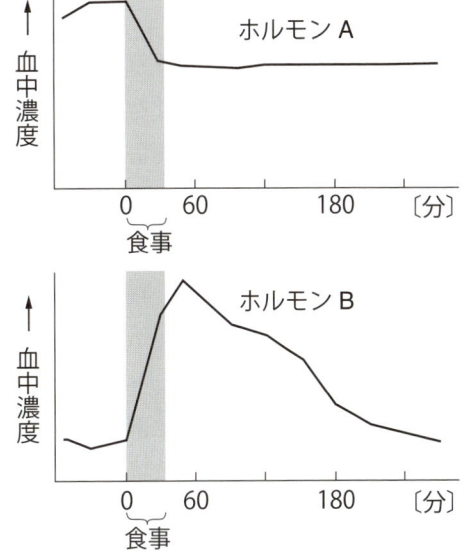

ホルモンAとBはともにすい臓から分泌される。

ホルモンAは [1] _____

ホルモンBは [2] _____

2. 血糖濃度調節のしくみ　◀わからなければ **32** へ

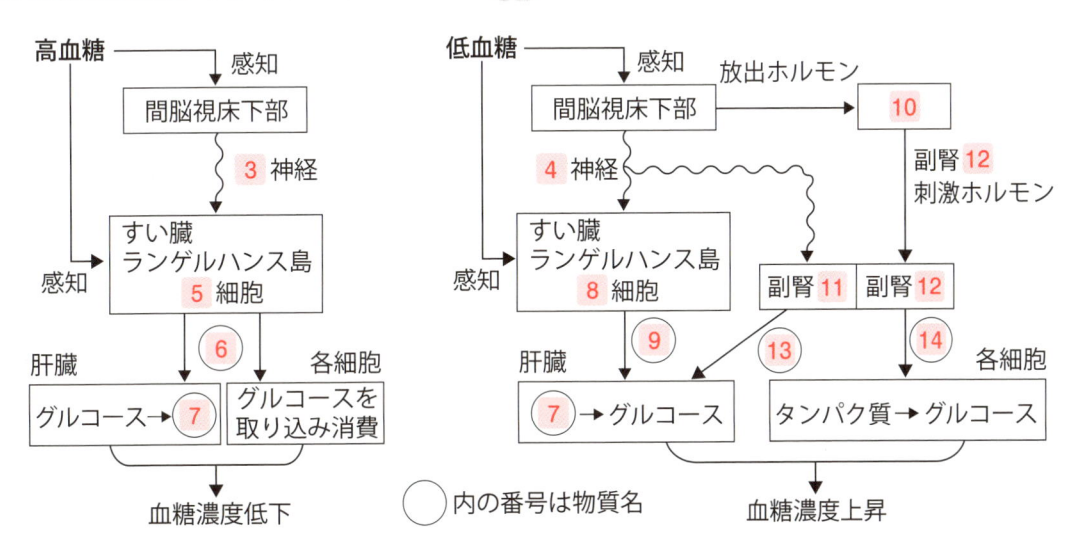

○内の番号は物質名

3 _____ 神経	4 _____ 神経	5 _____ 細胞
6 _____	7 _____	8 _____ 細胞
9 _____	10 _____	11 副腎 _____
12 副腎 _____	13 _____	14 _____

第3章　生物の体内環境の維持

91

33 免疫とは

◎生体防御

① 生物体を取り巻く外界（体外環境）には，病原体（細菌やウイルス）や有害物質など生物に害を与えるものが多く存在しています。これらの異物は，体外環境に接している皮膚表面（特に傷口），呼吸器官，消化器官から侵入してきます。

② このような**異物が体内に侵入することを阻止**したり，また侵入したときには除去して体内環境を守るしくみを**生体防御**といいます。

③ 生体防御には，特定の異物に選択的に作用する（**特異的**）防御機構もあります。

◎免　疫

① もともと自分の体内にある細胞や物質を「**自己**」といいます。これに対し，「**非自己**」とは，体外から体内に侵入してきた病原体や有害物質，体内に生じたがん細胞などの異物をいいます。

> **がん細胞**は，正常な細胞から，遺伝子に異常が起きて生じます。

② **免疫**とは，**体内に侵入した病原体や有害物質などの異物を，非自己と認識して除去するしくみ**です。免疫も生体防御の一部です。

③ 免疫では，マクロファージや樹状細胞，リンパ球などの**白血球**が異物を見分けて排除する主要な役割を果たしています。

◎3段階の防御機構

① ヒトのような脊椎動物の体内環境は，3段階の防御機構で守られています。
　[1] 第1の防御機構は，**からだの表面で物理的・化学的に異物の侵入を防ぎます**。
　[2] 第2の防御機構は，白血球のうち**食細胞**が食作用により異物を除去します。
　[3] 第3の防御機構は，白血球のうち**リンパ球**の作用により異物を除去します。

② 第1と第2の防御機構は，すべての異物に対して（**非特異的に**）作用し，第3の防御機構は特定の異物に対してのみ（**特異的に**）作用します。

③ 第2と第3の防御機構は，第1の防御機構を突破して体内に侵入してきた異物を非自己と認識し，これを除去します。第2の防御機構は生まれながらに備わっていて**自然免疫**（または**先天性免疫**）といいます。第3の防御機構は，過去に侵入した異物が2回目に侵入したときに強力に作用し，**獲得免疫**（または**適応免疫**）といいます。

★ 生体防御
- 第1の機構…異物侵入を防ぐ（物理的防御，化学的防御） ｝非特異的
- 第2の機構…**食作用**による異物除去 ｝**免疫**
- 第3の機構…**リンパ球**の作用による異物除去 ｝特異的

図解まとめ　の答え　①免疫　②食　③非自己　④リンパ球

図解まとめ

生体防御…体外からの異物から体内環境を守る。
― 細菌やウイルス, 有害物質

体内への侵入を阻止。→ 第1の防御機構
（①　　　　）…体内に入った非自己の細胞や異物を除去。
→ 第2, 第3の防御機構

第1の防御機構

皮膚や粘膜からの異物の侵入を防ぐ。

- 物理的防御 ← 角質層や粘膜
- 化学的防御 ← 酸や酵素

第2の防御機構

体内に侵入した異物を（②　　　）細胞が取り込み分解して除去する。
（③　　　　　）の物質や細胞が対象。

食作用　異物

第3の防御機構

白血球のうち（④　　　　　　）が特定の異物を認識して除去。
↑
特異的

免疫には**白血球**が働いていて, それらにはいろいろな種類があるというけどどう働いているんだろう？

それでは次からのページで見てみよう。

第3章　生物の体内環境の維持

93

34 自然免疫

◎第1の防御機構

❶ 病原体や有害物質などの異物からからだを守る**第1の防御機構**は，<u>外部環境と接する皮膚，呼吸器管，消化器管といった体表面からの異物の侵入を防ぐ</u>ことです。

❷ 体表面で異物の侵入を防ぐ防御機構には，**物理的防御**と**化学的防御**があります。

❸ 皮膚の表面は，死んだ細胞からなる**角質層**でおおわれていて，ウイルスの侵入を困難にしています。← 物理的防御

> **角質層**の死細胞は，爪や髪の成分であるケラチンを多く含んで体表を防御するバリア（障壁）となっています。

❹ 皮膚の表面から分泌される**汗**や**皮脂**は，皮膚の表面を弱酸性に保ち，病原体の繁殖を防いでいます。← 化学的防御

❺ 汗，涙，だ液などには細菌の細胞壁を分解する**リゾチーム**という酵素が含まれ，細菌の侵入を防いでいます。← 化学的防御

❻ 鼻，口，消化管などの内部の表面は，**粘膜**でおおわれています。← 物理的防御

❼ 粘膜から分泌されてその表面をおおう**粘液**は，酸や酵素を含み，異物の侵入を防いでいます。← 化学的防御

❽ 傷口での**血液の凝固**も，異物の侵入を防いでいます。← 物理的防御（→ 34）

◎第2の防御機構

❶ 第1の防御機構を突破して体内に異物が侵入すると，第2の防御機構が働きます。これは，白血球のうちの**好中球**，**マクロファージ**，**樹状細胞**などによる働きで，これらの細胞は**食細胞**とよばれます。

❷ 食細胞は決まった形がなく，侵入した異物を**包み込むように細胞内に取り込み，消化・分解して体内から除去します**。この働きを**食作用**といいます。

❸ 食細胞は，ウイルスや細菌などに共通する特有な成分をもとに**非自己**と認識するので，**非特異的に異物に作用します**。過去の経験に関係なく**初めて侵入した異物にも生まれつきの能力で対応できる**ので，食作用による防御機構を**自然免疫**といいます。

❹ 樹状細胞やマクロファージは，食作用で取り込んだ異物の情報を次の第3の防御機構，**獲得免疫**に伝える役目ももっています。

★ **第1の防御機構** { 物理的防御…**角質層**，消化器官の**粘膜**，**血液凝固**
                     化学的防御…汗（弱酸性），だ液（**リゾチーム**） }

★ **第2の防御機構**…**自然免疫**（白血球による**食作用**）

図解まとめ の答え ①角質層 ②リゾチーム ③食 ④非自己 ⑤食細胞 ⑥樹状細胞

図解まとめ

生体防御　第1の防御ライン　…体表からの異物侵入阻止

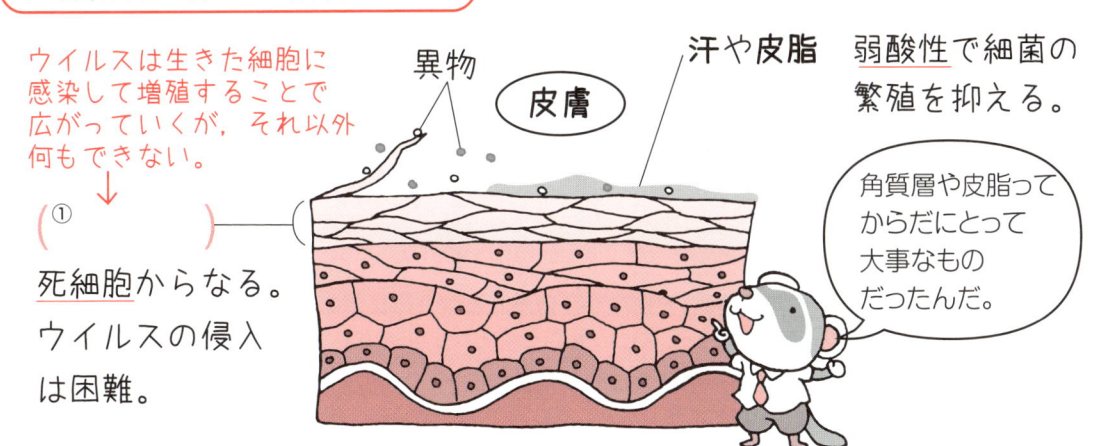

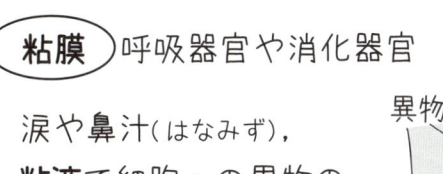

皮膚

汗や**皮脂**：弱酸性で細菌の繁殖を抑える。

ウイルスは生きた細胞に感染して増殖することで広がっていくが、それ以外何もできない。
→（①　　　　）

死細胞からなる。ウイルスの侵入は困難。

角質層や皮脂ってからだにとって大事なものだったんだ。

粘膜　呼吸器官や消化器官

涙や鼻汁（はなみず）、**粘液**で細胞への異物の付着を防ぐ。

（②　　　　）などの**酵素**による殺菌。

気管や肺、胃や腸の内部の空間は**体外**。

気管では細胞膜にある**繊毛**が体外へ粘液とともに異物を送り出す。

胃では強い酸性の**胃液**による殺菌の働きで病原体の侵入を防ぐ。

第2の防御ライン　…（③　　　　）作用によって侵入した異物を排除する。

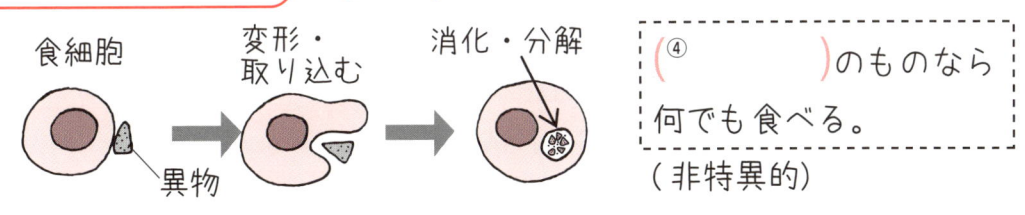

食細胞 → 変形・取り込む → 消化・分解

（④　　　　）のものなら何でも食べる。（非特異的）

白血球のうち（⑤　　　　）とよばれるものが行う。←血管の外にも出て食作用を行う。

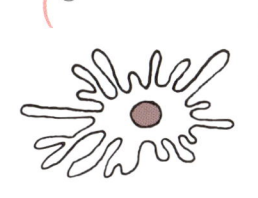

好中球　　**マクロファージ**　　（⑥　　　　）
核

白血球には食細胞のほかにもリンパ球があるよ。

確認テスト 13

合格点：12問／20問

解答→別冊 p.10

テストに出る**用語を確認！**

1 わからなければ 33 へ

1. 病原体などの異物が体内に侵入するのを防いだり，侵入した異物を除去して体内環境を守るしくみをまとめて何といいますか。

2. もともと自分の体内にある細胞や物質を「自己」というのに対し，体内に侵入した病原体，がん細胞などの異物を何といいますか。

3. 体内に侵入した異物などを，自己の細胞や物質と区別して認識し，除去するしくみを何といいますか。

4. 体内に侵入した異物を取り込み消化・分解する白血球を，その働きから何といいますか。

5. 異物を排除するしくみのうち食細胞が関わり，生まれながらに備わっている免疫を何といいますか。

6. 食細胞のほかリンパ球が関わる免疫を何といいますか。

7. 異物に対して非特異的に作用する免疫は，5 ，6 のどちらですか。免疫の名称で答えなさい。

8. 過去に侵入した異物を記憶し，2回目に侵入したときに強力に作用する免疫は，5 ，6 のどちらですか。免疫の名称で答えなさい。

9. ある異物が初めて体内に侵入したとき，自然免疫と獲得免疫とではどちらが先に働きますか。

2 わからなければ 34 へ

10. 皮膚の表面をおおい，ウイルスなどの異物の体内への侵入を防ぐ働きをもつ，死んだ細胞の層を何といいますか。

11. 呼吸器官や消化器官の内表面をおおう粘膜から分泌される粘液に含まれ，化学的に異物の侵入を防ぐものには酵素と何がありますか。

12. 涙，汗，だ液に含まれ，細菌の細胞壁を分解する酵素を何といいますか。

13. 好中球，マクロファージ，樹状細胞が異物を取り込み，消化・分解する働きを何といいますか。

テストに出る図を確認！

1. 生体防御　わからなければ 33, 34 へ

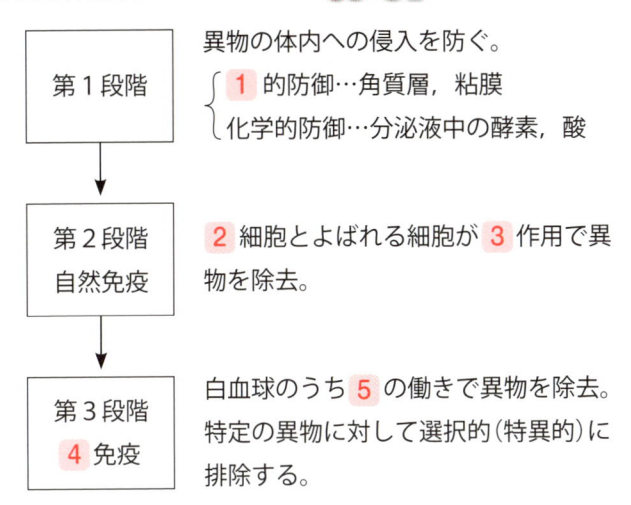

```
┌─────────┐   異物の体内への侵入を防ぐ。
│ 第1段階 │   ┌ [1] 的防御…角質層，粘膜
└────┬────┘   └ 化学的防御…分泌液中の酵素，酸
     ↓
┌─────────┐
│ 第2段階 │   [2] 細胞とよばれる細胞が [3] 作用で異
│ 自然免疫│   物を除去。
└────┬────┘
     ↓
┌─────────┐   白血球のうち [5] の働きで異物を除去。
│ 第3段階 │   特定の異物に対して選択的（特異的）に
│ [4] 免疫│   排除する。
└─────────┘
```

1 ＿＿＿＿＿＿＿＿＿＿的防御

2 ＿＿＿＿＿＿＿＿＿＿細胞

3 ＿＿＿＿＿＿＿＿＿＿作用

4 ＿＿＿＿＿＿＿＿＿＿免疫

5 ＿＿＿＿＿＿＿＿＿＿

2. 白血球の種類　わからなければ 33, 34 へ

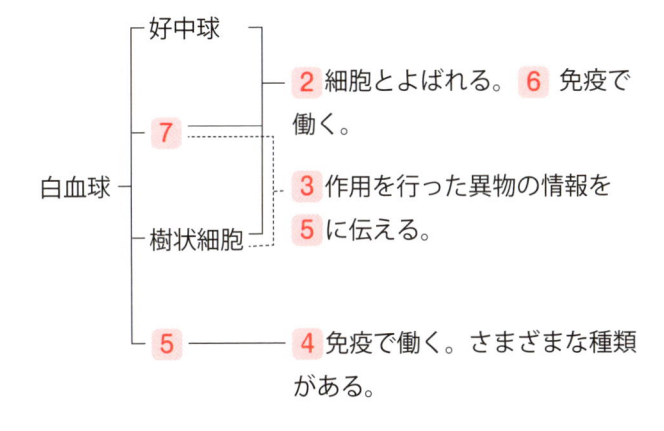

```
        ┌─ 好中球 ─┐
        │          ├── [2] 細胞とよばれる。[6] 免疫で
        │  [7] ────┤    働く。
白血球 ─┤          │
        │  樹状細胞┘─── [3] 作用を行った異物の情報を
        │                  [5] に伝える。
        │
        └─ [5] ──────── [4] 免疫で働く。さまざまな種類
                           がある。
```

6 ＿＿＿＿＿＿＿＿＿＿免疫

7 ＿＿＿＿＿＿＿＿＿＿

第3章　生物の体内環境の維持

35 獲得免疫① 細胞性免疫

◎第3の防御機構＝獲得免疫

❶ 体内に侵入した異物に対しては，自然免疫とともに第3の防御機構として獲得免疫が働きます。獲得免疫は適応免疫ともいい，**過去に侵入した異物を「記憶」して2度目に同じ異物が侵入したときに強力に作用します。** 免疫を「獲得」する。

❷ 獲得免疫では，白血球のうちリンパ球が重要な役割を果たしています。リンパ球にはT細胞とB細胞とがあります。

> 解説　白血球であるリンパ球は，他の血球と同じように骨髄で分化します。B細胞はそのまま骨髄で成熟しますが，T細胞はその後，胸腺に移って成熟します。
>
> T細胞のTはThymus(胸腺)のT。　　B細胞のBはBone(骨)のB。

❸ リンパ球には，病原体や有害物質のような体外の異物（非自己）と，もともとからだにあるもの（自己）とを見分けるしくみがあります。**リンパ球によって非自己と認識されたものを抗原といい，免疫で排除される対象となります。**

❹ 個々のリンパ球は，1つの抗原だけを認識しています（特異的）。体内には膨大な数のリンパ球がつくられていて，さまざまな抗原を認識できるようになっています。

❺ 獲得免疫には，抗原の排除のしかたによって細胞性免疫と体液性免疫があります。

◎細胞性免疫

❶ 細胞性免疫は獲得免疫の1つで，リンパ球のT細胞のうちキラーT細胞が，細胞を攻撃し排除するしくみです。細胞性免疫には，何段階かの過程があります。

❷ まず，ウイルスや細菌，移植細胞，がん細胞などの異物を樹状細胞が認識し，食作用により分解します。

❸ 分解された異物の一部は樹状細胞の表面に移動され，**抗原として細胞外に提示されます**（抗原提示）。この提示された抗原は，ヘルパーT細胞に認識されます。

❹ 抗原を認識したヘルパーT細胞は活性化し，同じ抗原を認識するキラーT細胞を活性化・増殖させ，同時にマクロファージを集合・活性化させます。

❺ 増殖したキラーT細胞はウイルスや細菌に感染した細胞や移植細胞，がん細胞を直接攻撃して破壊します。破壊された細胞はマクロファージが食作用で除去します。

❻ 活性化したヘルパーT細胞やキラーT細胞の一部は，記憶細胞として体内に残ります（免疫記憶）。のちに同じ種類の抗原がふたたび侵入したときには速やかに増殖して働き，抗原を除去します。この反応を二次応答といいます。

ポイント！

★ 第3の防御機構…獲得免疫＝異物（抗原）を認識し特異的に排除。
　　　　　　　　　　　　細胞性免疫と体液性免疫。免疫記憶。

★ 細胞性免疫…キラーT細胞が「非自己」の細胞を攻撃して排除。

98　図解まとめ の答え　①リンパ球　②抗原　③抗原提示　④ヘルパーT　⑤キラーT　⑥記憶

図解まとめ

獲得免疫…過去に侵入した異物に対して，速く強力に反応して排除する。

白血球のうち（①　　　　　）が中心的働き。

- ヘルパーT細胞
- キラーT細胞
- B細胞　　など

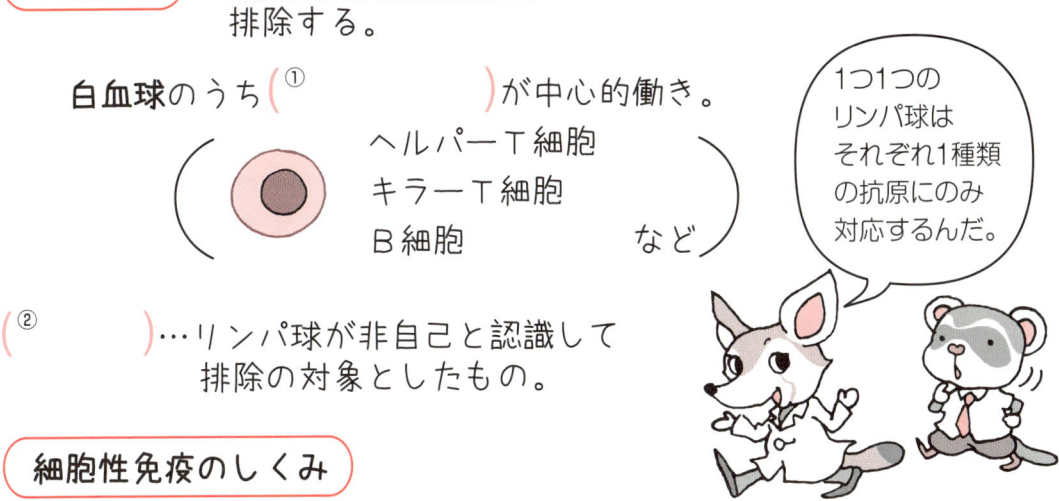

1つ1つのリンパ球はそれぞれ1種類の抗原にのみ対応するんだ。

（②　　　　）…リンパ球が非自己と認識して排除の対象としたもの。

細胞性免疫のしくみ

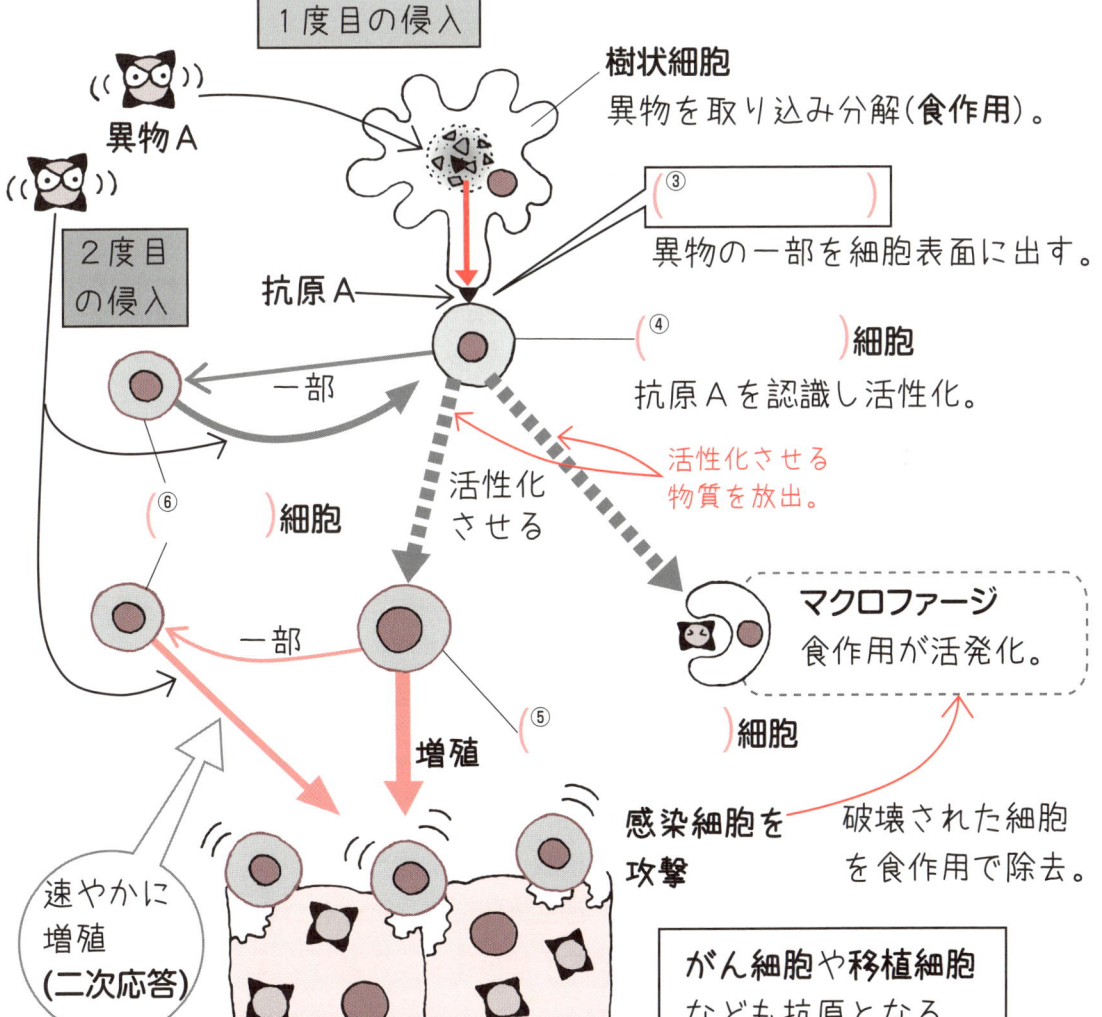

1度目の侵入

異物A

樹状細胞 異物を取り込み分解（食作用）。

（③　　　　）異物の一部を細胞表面に出す。

2度目の侵入

抗原A →

（④　　　）細胞 抗原Aを認識し活性化。

活性化させる物質を放出。

活性化させる

一部

（⑥　　　）細胞

一部

増殖

（⑤　　　）細胞

マクロファージ 食作用が活発化。

感染細胞を攻撃

破壊された細胞を食作用で除去。

速やかに増殖（二次応答）

がん細胞や移植細胞なども抗原となる。

36 獲得免疫② 体液性免疫

◎体液性免疫

❶ **体液性免疫**は，白血球のうちのリンパ球の **B 細胞**が，**抗体**という特殊な物質をつくり異物を排除します。抗体は，特定の抗原に対してのみ作用します。

❷ 免疫の反応は，リンパ球が体内に侵入した異物を抗原と認識してから開始されます。まず，体内にウイルスや細菌などの異物が侵入すると，**樹状細胞**などがそれを取り込んで分解します（**食作用**）。

❸ 分解された異物の一部は樹状細胞の表面に移動され，**抗原提示**されます。細胞外に提示された抗原は，**ヘルパー T 細胞**に認識されます（ここまでは，細胞性免疫と同じ）。

❹ 抗原を認識すると**ヘルパー T 細胞**は増殖し，同じ抗原を認識する **B 細胞**を増殖・活性化させる物質を出します。

❺ ヘルパー T 細胞によって活性化された B 細胞は**抗体産生細胞**に分化し，抗体を体液中に放出します。

❻ 抗体は免疫グロブリンというタンパク質でできています。抗体は侵入した抗原と特異的に結合します（**抗原抗体反応**）。抗原抗体反応により抗原は無毒化され，マクロファージなどの食細胞により除去されます。

> [解説] これまでの単元で扱った，「酵素と働く相手の物質」，「ホルモンと標的器官の受容体」，「抗体と抗原」はそれぞれ立体構造がかみ合うようにできていて特異的に作用しますが，酵素，受容体，抗体はいずれもタンパク質でできています。

◎体液性免疫の免疫記憶

❶ 異物が体内に侵入すると，免疫系は上記のような段階を経て1週間前後かかって抗体をつくり始めます（一次応答）。このとき活性化したヘルパー T 細胞や B 細胞の一部は，**記憶細胞**となって体内に残ります（**免疫記憶**）。

❷ そして，再度同じ抗原が侵入したときには，**一次応答より速やかに大量の抗体をつくります**（**二次応答**）。

> 免疫記憶は体液性免疫でも細胞性免疫でも見られますが，体液性免疫では抗体の量のグラフで一次応答と二次応答の違いが示されます。

ポイント！

★ **体液性免疫**…**抗体**を体液中に放出して抗原を排除する。
  B 細胞が**抗体産生細胞**になり抗体をつくる。

★ **抗体**…抗原に特異的に結合して無毒化するタンパク質。

★ **二次応答**…同じ抗原の**再侵入**に対して**速やかに強く**反応する。

100 　図解まとめ の答え　①ヘルパー T　②B　③抗体産生　④抗体　⑤抗原抗体　⑥記憶

図解まとめ

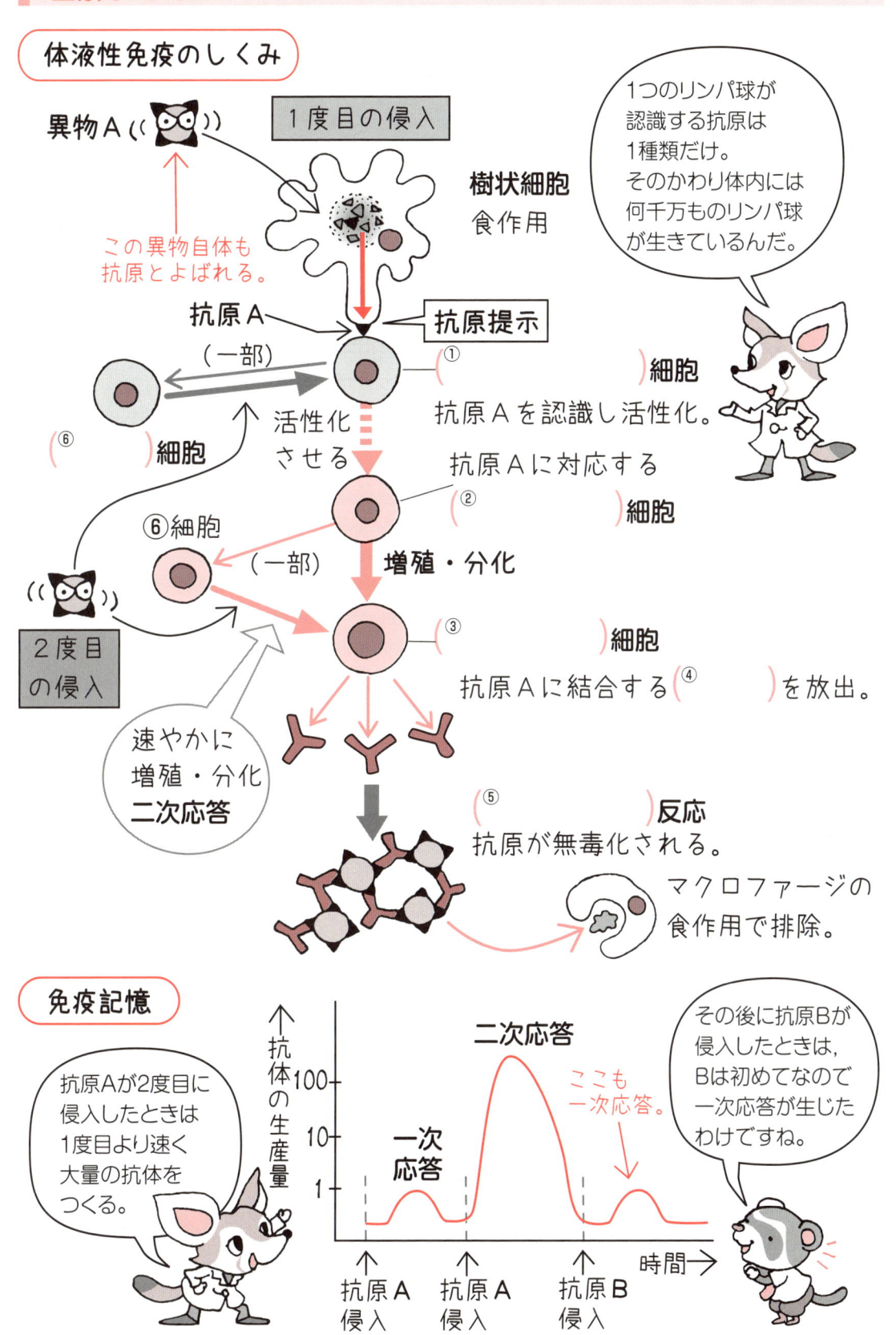

体液性免疫のしくみ

異物A　1度目の侵入

樹状細胞　食作用

この異物自体も抗原とよばれる。

抗原A（一部）　抗原提示

① （　　）細胞
抗原Aを認識し活性化。

1つのリンパ球が認識する抗原は1種類だけ。そのかわり体内には何千万ものリンパ球が生きているんだ。

活性化させる

抗原Aに対応する
② （　　）細胞

⑥ （　　）細胞

⑥細胞（一部）

2度目の侵入

増殖・分化

③ （　　）細胞
抗原Aに結合する（④　　）を放出。

速やかに増殖・分化
二次応答

（⑤　　）反応
抗原が無毒化される。

マクロファージの食作用で排除。

免疫記憶

抗原Aが2度目に侵入したときは1度目より速く大量の抗体をつくる。

↑抗体の生産量

100
10
1

一次応答　二次応答　ここも一次応答。

↑抗原A侵入　↑抗原A侵入　↑抗原B侵入　時間→

その後に抗原Bが侵入したときは、Bは初めてなので一次応答が生じたわけですね。

第3章　生物の体内環境の維持

101

37 免疫機能の異常と病気

◎免疫力の低下

❶ 若いみなさんにはあまりないかもしれませんが，疲れがたまっていたり，睡眠不足が続くと風邪をひきやすくなるなど，体調を崩しやすくなりますよね。過労やストレス，加齢は，免疫の働きを低化させる要因となります。

❷ ふだんは害をおよぼさない細菌や菌類，ウイルスなどが，免疫力の低下によって増殖し病気を引き起こすことがあります。このように**免疫機能の低下によって病原性の低い病原体に感染してしまうこと**を**日和見感染**といいます。

> 日和見感染の病気には，ヘルペス（帯状疱疹など），カンジダ症，MRSA（薬剤耐性の黄色ブドウ球菌）感染症などがあります。

❸ 免疫の機能を欠くことを**免疫不全**といい，遺伝性のものと後天性のものがあります。**エイズ（AIDS）は和訳すると後天性免疫不全症候群といい，ヘルパーＴ細胞にヒト免疫不全ウイルス（HIV）が感染することによって起こります。**ヘルパーＴ細胞にHIVが感染すると細胞性免疫，体液性免疫ともに機能しなくなります。そのため，がんやさまざまな日和見感染を生じやすくなり，世界中で多くの死者を出しています。

◎アレルギー

❶ スギの花粉やニワトリの卵は，本来人体に無害なものですが，人によっては体内に入ることで風邪のような症状やじんましんが出たりすることがあります。**アレルギー**は，このように**本来無害の抗原に対して免疫応答が過剰に起こって生じる反応**で，じんましん，ぜんそく，くしゃみ，鼻水，目のかゆみなどの症状が現れます。

❷ 花粉，ハウスダスト，食品に含まれる成分など**アレルギーを起こす抗原**を**アレルゲン**といいます。アレルゲンの種類や症状は人によってさまざまです。

❸ アレルゲンによる二次応答で，急激な血圧低下や呼吸困難，全身の炎症を引き起こし，生命に危険が及ぶような場合があります。このような激しいアレルギーを**アナフィラキシー**といいます。

> アナフィラキシーによる激しい症状は**アナフィラキシーショック**といい，抗生剤やハチの毒素，ピーナッツや乳などで生じています。

◎自己免疫疾患

自分自身の細胞はもちろん「自己」ですから，抗原として認識されません。しかし，自分自身の細胞を抗原と認識して免疫反応が働いてしまうことがあり，**自己免疫疾患**といいます。

> **関節リウマチ**は典型的な自己免疫疾患で，自分自身の関節の細胞を抗原として攻撃し炎症や変形を起こします。

ポイント！

★ 免疫力の低下…**日和見感染**を生じる。エイズ…**HIV**感染によって起こる。

★ 免疫応答の異常 { 過剰 ➡ **アレルギー**（花粉症など）
自分を攻撃 ➡ **自己免疫疾患** }

102　図解まとめ の答え　① エイズ（AIDS）　② HIV　③ アレルギー　④ アレルゲン　⑤ 自己免疫疾患

図解まとめ

日和見感染

健康なときは無害な病原体が…

免疫力の低下によって増殖し感染・発病する。

(①)（後天性免疫不全症候群）

(②)がヘルパーT細胞に感染して免疫機能が失われていき，日和見感染やがんを生じやすくする。

↑ヒト免疫不全ウイルス

体液性免疫（B細胞）も細胞性免疫（キラーT細胞）も機能しなくなる。

自分のからだを傷つける免疫

(③)…本来無害の物に対して過敏に免疫反応が起こり，からだに害を及ぼす。

アレルギーを起こす抗原

(④)

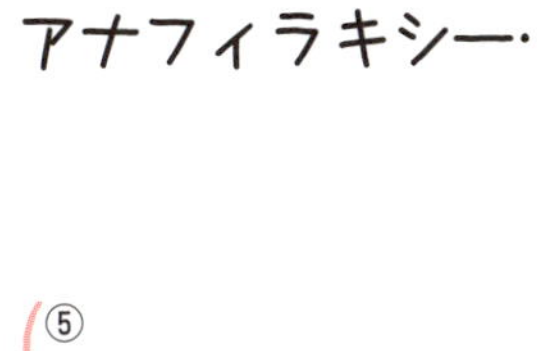

花粉　鶏卵　ハウスダスト　小麦粉　など。

人によって異なる。

たとえば
肥満細胞という細胞に 抗原／抗体 が結合
↓
ヒスタミンという物質を放出
↓
粘膜の炎症

アナフィラキシー…アレルゲンが体内に2度目に侵入したとき二次応答で激しい症状が起こる。

血圧低下　全身の炎症　呼吸困難

(⑤)…自分自身の細胞が抗原と認識され，攻撃されてしまう。

- 関節リウマチ ← 関節の細胞が攻撃され，炎症や変形する。
- I型糖尿病 ← インスリンの分泌細胞が破壊される。

など

第3章 生物の体内環境の維持

103

38 免疫と医療

◎予防接種

獲得免疫では，過去に侵入した抗原に対しては速く強力な免疫反応が起こります（二次応答）。予防接種は，この性質を利用して無毒化・弱毒化した病原体（ワクチンといいます）を接種し，あらかじめ人工的に抗体をつくる能力を高めることで発病を防ぎます。インフルエンザ，麻疹（はしか）などの予防接種が広く行われています。

◎免疫の応用による治療

❶ 免疫を利用した治療法に血清療法があります。これは，ウマやウサギなどの動物に病原体や毒素を抗原として接種して抗体をつくらせ，できた抗体を含む血清を患者に注射することで治療する方法です。

❷ ハブやマムシなどの強いヘビ毒の治療や，破傷風やジフテリアなど病原菌が強い毒を出し緊急を要する病気に対して血清療法が行われますが，毒の種類に合った血清（抗体）でなければ効果がありません。

解説　抗体以外の血清の成分自体が有害な抗原となりうるので，現在は血清そのものではなく抗体（免疫グロブリン）のみを抽出した血液製剤が使われています。

◎臓器移植と免疫

❶ 同種の動物どうしであっても，個体ごとに細胞表面の成分には違いがあります。そのため，他の個体から皮膚や臓器を移植すると，抗原と認識されてキラーT細胞が攻撃し，移植された組織や臓器は脱落します。これが拒絶反応です。　←細胞性免疫

❷ 治療で行う臓器移植で拒絶反応が起こると大変ですので，拒絶反応を防ぐために，できるだけ遺伝的に近い人（細胞表面の抗原が患者本人に近い）の臓器を移植し，術後は免疫抑制剤を投与して拒絶反応を抑えます。

> 免疫抑制剤を使うと日和見感染（→前ページ）などの危険が高まるので感染しないよう衛生管理を徹底する必要があります。

❸ 輸血も一種の臓器移植です。ABO式血液型は，赤血球の表面に抗原，血しょうに抗体が存在していて，血液型の異なる血液が混ざると抗原抗体反応が起こって血球どうしが凝集してしまいます。　←体液性免疫

ポイント！
★ 予防接種…毒性を弱めた抗原（ワクチン）を接種し，体内に抗体をつくる。
★ 血清療法…他の動物に抗原を接種し，血中にできた抗体を治療に使う。
★ 拒絶反応…他個体から移植された臓器を免疫細胞が攻撃・排除する。

図解まとめ の答え　①ワクチン　②免疫記憶　③血液製剤

図解まとめ

予防接種

(① 　　　　　　)

無毒化または弱体化した抗体

インフルエンザワクチンはインフルエンザウイルスをニワトリの受精卵に感染させ、増殖したウイルスを精製してつくる。

体内に入れる → 抗原

抗原に対する(② 　　　　　　)ができ、同じ病原体が侵入したとき速やかに二次応答で排除。

抗体　記憶細胞

血清療法

抗血清とよばれる。

抗体を含んだ血清またはこれを精製した(③ 　　　　　　)

毒素(抗原)

毒ヘビにかまれたり病原菌が強い毒素を出す破傷風などに感染したとき、抗体を注射して治療する。

からだが大きく、血清が大量に取れるため、おもにウマが用いられる。

動物に抗原(毒素など)を接種して、抗体を体内につくらせる。

ワクチンは感染する前の予防に、血清療法は体内に入ってしまった毒の治療に使われる。

臓器移植

ネズミA ← ネズミBの皮膚　約10日 → 脱落

このネズミAに再びネズミBの皮膚を移植すると今度は約5日で脱落した。(二次応答)

細胞表面にある個体特有のタンパク質をヘルパーT細胞が認識。

ヘルパーT細胞　キラーT細胞　増殖　活性化させる　攻撃

自己の細胞はヘルパーT細胞は認識しない。

非自己の目印になる。

移植細胞　自己の細胞

第3章 生物の体内環境の維持

確認テスト 14

合格点:16問／26問

解答→別冊 p.11

テストに出る用語を確認！

1 わからなければ 35 へ

1. リンパ球などの白血球は体内のどこでつくられますか。

2. リンパ球の種類を大きく分けて2つ答えなさい。

3. 非自己と認識され，リンパ球による排除の対象となる異物は何とよばれますか。

4. マクロファージや樹状細胞から抗原の情報を受け取り，他のリンパ球を活性化させるT細胞を何といいますか。

5. キラーT細胞が，ウイルスに感染した細胞や他個体からの移植細胞などを直接攻撃し，排除する獲得免疫を何といいますか。

2 わからなければ 36 へ

6. リンパ球が抗体をつくり，抗原を排除する獲得免疫を何といいますか。

7. ヘルパーT細胞からの刺激によって抗体産生細胞に分化するリンパ球は，何細胞ですか。

8. 抗体を構成するタンパク質の名称を答えなさい。

9. 抗体が抗原と特異的に結合する反応を何といいますか。

3 わからなければ 37 へ

10. 免疫機能の低下によって，病原性の低い病原体に感染し発病してしまうことを何といいますか。

11. 本来無害な抗原に対して，からだに不都合な免疫反応が過剰に起こることを何といいますか。

12. 自分自身の細胞を抗原と認識し，免疫反応が働いてしまうことを何といいますか。

4 わからなければ 38 へ

13. 二次応答を利用した予防接種で用いる，毒性を弱めた病原体を何といいますか。

14. 他の動物に毒素などを接種し，その血液中につくられた抗体を病気の治療に用いる方法を何といいますか。

15. 他個体から移植された臓器や細胞を抗原と認識し，免疫細胞が攻撃・排除することを何といいますか。

テストに出る図を確認！

1. 獲得免疫　◀わからなければ 35, 36 へ

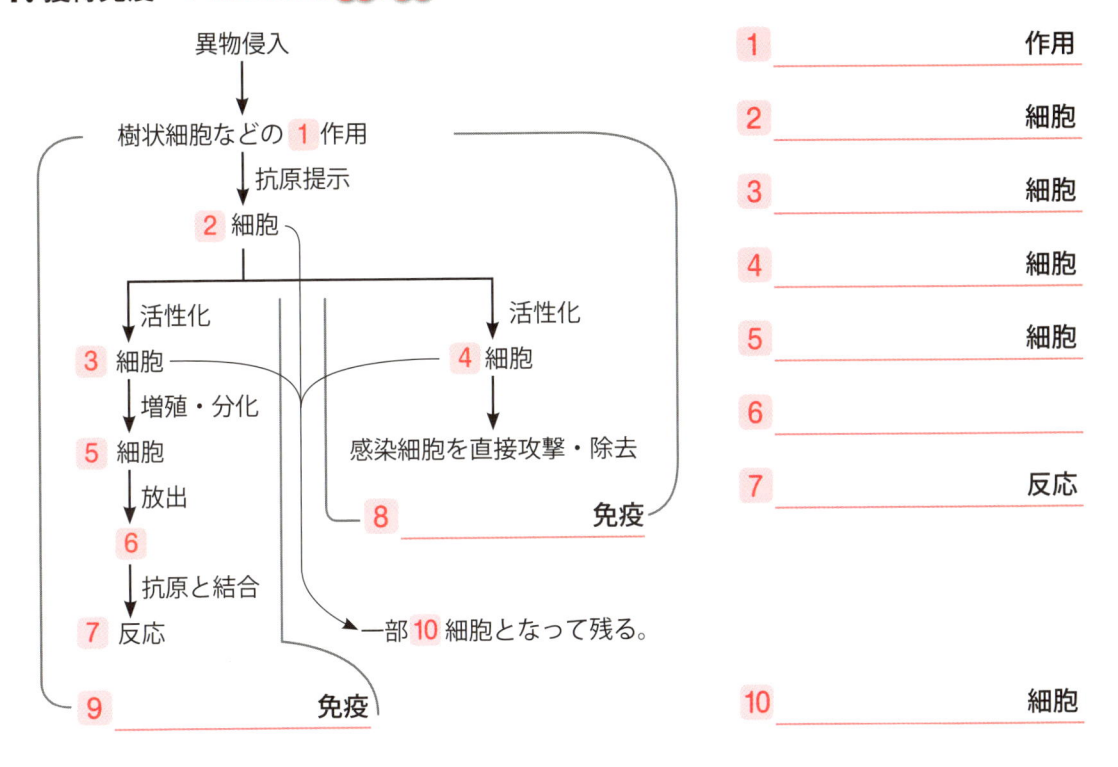

異物侵入
↓
樹状細胞などの [1] 作用
↓ 抗原提示
[2] 細胞
├─ 活性化 → [3] 細胞 → 増殖・分化 → [5] 細胞 → 放出 → [6] → 抗原と結合 → [7] 反応 ─┐ [9] _____ 免疫
└─ 活性化 → [4] 細胞 → 感染細胞を直接攻撃・除去　[8] _____ 免疫

一部 [10] 細胞となって残る。

1	_____ 作用
2	_____ 細胞
3	_____ 細胞
4	_____ 細胞
5	_____ 細胞
6	_____
7	_____ 反応
10	_____ 細胞

第3章　生物の体内環境の維持

2. 免疫記憶　◀わからなければ 36 へ

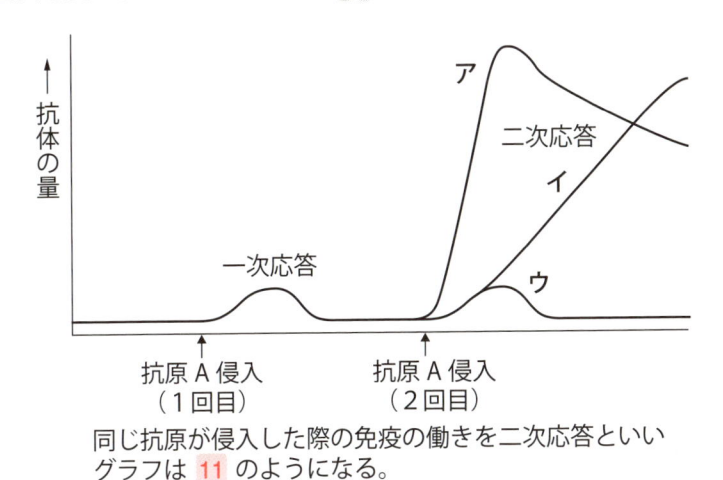

(グラフ：抗体の量 / 抗原A侵入（1回目）で一次応答、抗原A侵入（2回目）で二次応答。ア、イ、ウの曲線)

同じ抗原が侵入した際の免疫の働きを二次応答といいグラフは [11] のようになる。

11 _____

107

39 植生

◎植生と相観

① 地球上には，環境に応じて多様な植物が生育しています。自然界における環境と生物の関わりを考える上で，ある一定の地域に生育する植物のまとまりを**植生**とよびます。

　解説 「ある一定の地域」とは，庭，公園のような狭い範囲から森林全体のような広い範囲まで大小さまざまなものがあります。

② 植生は多様な植物の種で構成されています。このうち，**個体数が多く，地表面を最も広くおおっている種**を**優占種**といいます。

③ 植生の外観の特徴を**相観**といい，陸上の植生は相観によって，**森林，草原，荒原**に分けられます。樹木が優占する植生が森林，草本が優占する植生が草原というふうに，**相観は優占種によって決まります**。

　※草本…いわゆる「草」のこと。

④ 相観は，気温，降水量などの気候要因と密接な関係があります。まず，**降水量が多い地域には森林**が成立し，降水量の少ない地域には**草原**が，降水量が著しく少ない地域や気温が著しく低い地域には**荒原**が分布します。

　※荒原…厳しい環境に適応した植物がまばらに見られる。

◎森林の階層構造

森林では，**林冠**（森林の最上部）から**林床**（地表面）までの高さごとに明るさや湿度が変化します。このため，さまざまな高さの樹木が生育していて，**階層構造**が見られます。日本の森林の階層構造では，上から順に，**高木層，亜高木層，低木層，草本層，地表層**が見られます。

◎土壌とそのなりたち

① **土壌**というのは地表をおおう，いわゆる「土」のことですが，これは生物の働きがなければ存在しません。**土壌は，風化して細かくなった岩石（鉱物）と，落葉や落枝などの有機物が微生物の働きで分解された腐植**からなります。

重要ワード
風化 地表にある岩石が風雨や日光の影響で破壊され変質すること。

② そのため，森林の地下部分にも階層構造が見られます。上から順に，落葉や落枝が積み重なった**落葉落枝層**，それらが分解された**腐植層**，岩石が風化した層，**母岩**の層があります。

　※母岩…風化前の岩石

③ 土壌は鉱物と腐植が混ざり合うことで粒状の**団粒構造**を形成します。これは空気の通り道となる隙間が多く，また保水性も高まるため，植物の生育に適しています。

ポイント！
★ **植生の相観**…森林・草原・荒原 ⇔ おもに**降水量**で決まる。
★ 森林の**階層構造**…高木層，亜高木層，低木層，草本層，地表層

108　図解まとめ の答え　①相観　②優占種　③④気温，降水量　⑤林冠　⑥高木　⑦林床

図解まとめ

植生 …ある場所に生育する植物のまとまり。
　　　　← 外観上の特徴。
（①　　　　）によって陸上の生物は**森林，草原，荒原**に分類される。
これは（②　　　　）によって決まる。
　　　　↑ その場所で最も広く地表をおおっている種。

気候条件ではおもに（③　　　）と（④　　　）で決まる。

たとえば南米大陸とアフリカ大陸では生育する植物の種類はかなり異なるけど，どちらも雨の豊富な地域では森林，雨のほとんどない所では荒原が分布する。

降水量 多…森林
降水量 少…草原
降水量 乏…荒原

森林の階層構造

明るい
（⑤　　　　）森林の最上部
（⑥　　　）層
←亜高木層
←低木層
←草本層
←地表層
←地中層
（⑦　　　）地表面

森林の中は上の方ほど明るく下の方は暗いので，それぞれの明るさで光合成を行う植物が階層構造をつくっているんだ。

土壌

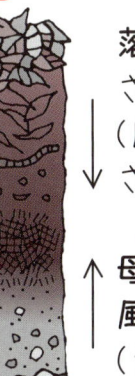

落葉などが分解されて，有機物（**腐植質**）が供給される。
↓
↑　← 地表の岩石
母岩が雨などで**風化**されて無機物（**鉱物質**）が供給される。

第4章　生物の多様性と生態系

109

40 光の強さと光合成（光-光合成曲線）

◎光の強さと光合成

❶ 植物は，光エネルギーを取り入れて光合成を行う際に二酸化炭素を取り込んで酸素を放出しますが，同時に呼吸も行って，二酸化炭素を放出し，酸素を吸収しています。呼吸は光の当たらないときも含め，常に行っています。

❷ 植物が一定時間内に吸収する二酸化炭素の量（＝二酸化炭素吸収速度）を測ることで，光合成がどれだけ行われているかがわかります。二酸化炭素が多く吸収されていれば，それだけ光合成が盛んに行われているということです。

❸ ただし，二酸化炭素吸収速度で示されるのは，光合成速度から呼吸速度を差し引いた見かけの光合成速度になります。光合成速度が呼吸速度を下回れば，見かけの光合成速度はマイナスになります。

　　このとき二酸化炭素は吸収ではなく放出される。

◎光-光合成曲線

光-光合成曲線は，光の強さと二酸化炭素吸収速度との関係を表したグラフです。光が強くなるにつれて光合成が盛んになる傾向が見られますが，ある光の強さ以上になると，光合成は一定になっています（呼吸速度は光の強さによらず一定と仮定します）。

❶ 暗黒（光の強さ＝0）のとき，植物は光合成を行わないので，呼吸による二酸化炭素放出だけが行われ，二酸化炭素吸収速度はマイナスになります。暗黒のときの二酸化炭素吸収速度は呼吸速度を表しています。

❷ 弱い光のもとでは，光合成は活発に行われず，呼吸による二酸化炭素放出速度が光合成による二酸化炭素吸収速度を上回ります。そのため，差し引きで二酸化炭素の吸収速度はマイナスの値になります。

❸ 光を強くしていくと，光合成速度と呼吸速度が等しくなって，二酸化炭素吸収速度が0になるところがあります。このときの光の強さを光補償点といいます。光補償点以下の光の強さでは，植物は生育することができません。

❹ 光補償点よりも強い光のもとでは，光合成速度が呼吸速度を上回ります。そして，ある光の強さに達すると，それ以上光が強くても二酸化炭素吸収速度は一定になります。このような状態を光飽和といい，その光の強さを光飽和点といいます。

> ★ 光が強いと光合成は盛んになる。暗黒のときは呼吸のみ。ある光の強さを超えると光合成速度は一定（光飽和）。
>
> ★ 光補償点…「光合成速度＝呼吸速度」となる光の強さ

図解まとめ の答え ①二酸化炭素　②呼吸　③光補償点　④光飽和点

図解まとめ

見かけの光合成速度 …時間あたりの（① 　　　）吸収量で示される。

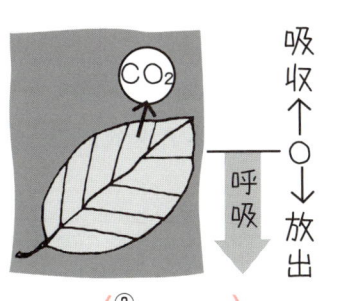

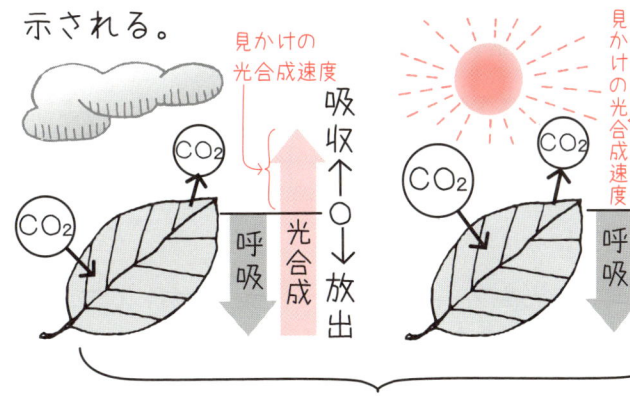

暗黒…（② 　　　）だけ。
見かけの光合成速度はマイナス。

光合成速度から呼吸速度を差し引いた値が見かけの光合成速度。

光-光合成曲線

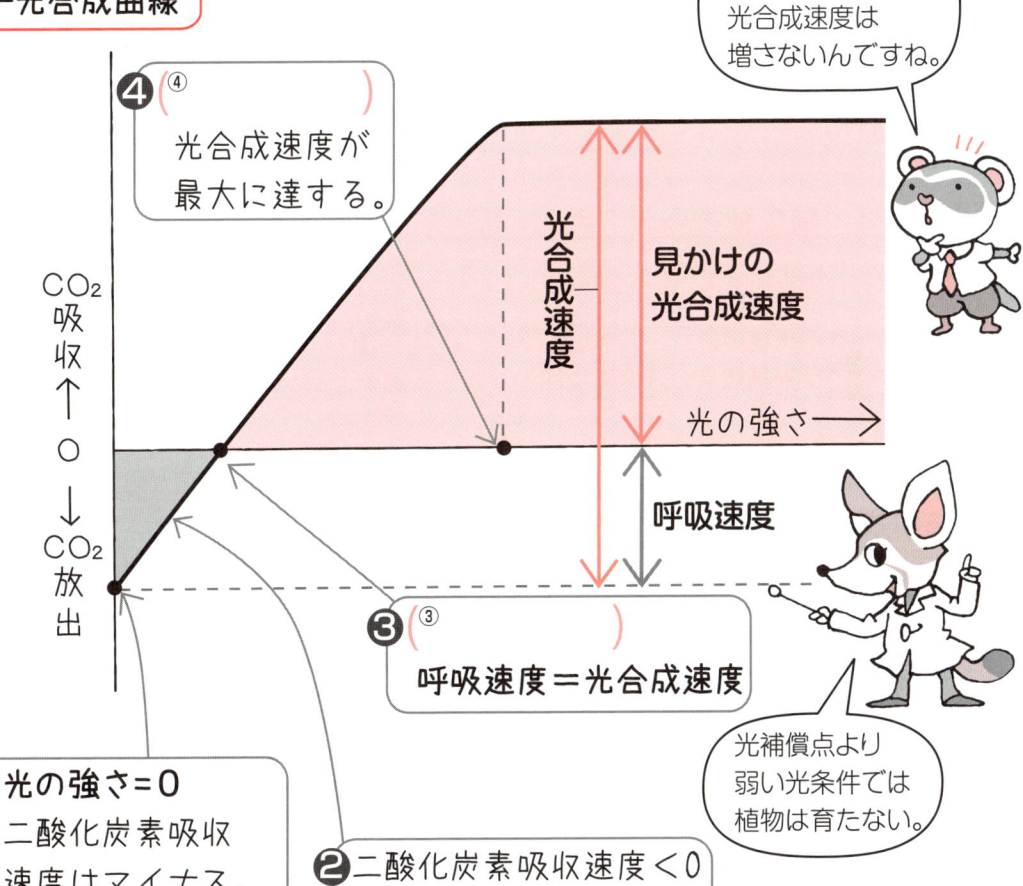

❹ ④（　　　）光合成速度が最大に達する。

光飽和点より光が強くなっても光合成速度は増さないんですね。

❶ 光の強さ＝0
二酸化炭素吸収速度はマイナス。
呼吸速度に等しい。

❷ 二酸化炭素吸収速度＜0
呼吸速度＞光合成速度

❸ ③（　　　）呼吸速度＝光合成速度

光補償点より弱い光条件では植物は育たない。

41 陽生植物・陰生植物

◎光の強さと植物の生育

❶ さまざまな高さの植物が階層構造を形成している森林の中では、林冠（森林の最上部）から林床（地表面）までの高さごとに明るさや湿度が変化します。このため、高木層、亜高木層、低木層、草本層、地表層の各階層にはそれぞれの光の量に適応した植物が見られることになります。

❷ 植物は、光合成で得た有機物を呼吸で消費して生きています。そのため、光合成速度が呼吸速度に満たないと枯れてしまいます。つまり**植物の成長には、光補償点より強い光が必要**です。

❸ 森林内では、林床に近くなるほど光は届きにくくなります。林床に近い低木層や草本層で生育できるのは、**光補償点が低く、弱い光条件でも生育できる植物**です。このような植物を、**陰生植物**といいます。

❹ 一方、開けた場所や高い層では、**光飽和点の大きい植物**が強い光を受けて速く大きく成長することができて有利になります。このような植物を**陽生植物**といいます。陽生植物は陰生植物より呼吸速度も大きく光補償点も高いため、弱い光条件では不利です。

　解説　同じ1本の木でも日当たりのよい所につく葉が陽生植物のような、暗い所の葉が陰生植物のような光合成の特徴をもつことがあります。この明所の葉を**陽葉**、暗所の葉を**陰葉**といいます。

◎陽生植物・陰生植物の光-光合成曲線

❶ 陽生植物と陰生植物の光-光合成曲線をくらべると右ページの図のようになります。

❷ 陰生植物と陽生植物とで、二酸化炭素吸収速度（見かけの光合成速度）をくらべると、**弱い光条件では光補償点の低い陰生植物が陽生植物を上回り、生育に適している**ことがわかります。

❸ 反対に、**強光下では、光飽和点の高い陽生植物の二酸化炭素吸収速度が陰生植物を上回り、生育に適している**ことがわかります。

　解説　光合成速度が大きければ多くの有機物を合成できるため成長が速いことになります。成長が速い植物ほど他の植物より高く葉を広げ、たくさんの光を受けることができます。

❹ 陰生植物の性質をもつ（特に幼木のとき）樹木を**陰樹**といい、アオキ、ヤブツバキ、シイ、カシなどがあります。陽生植物の性質をもつ樹木を**陽樹**といい、アカマツやヤシャブシなどがあります。

ポイント！
★ **陰生植物**，陰樹…**光補償点が低く**，弱い光でも生育可能。
★ **陽生植物**，陽樹…光飽和点が高く，強光下で成長が速い。

112　図解まとめ の答え　①陽生植物　②陰生植物　③陰生植物　④陽生植物

図解まとめ

陽生植物と陰生植物

明所

暗所　林床や岩陰など

①（　　　　）
明所で光合成速度が大きく速く成長できるが，光補償点が高いため暗所で生育できない。

②（　　　　）
明所で成長速度が遅いが光補償点が低いため光が弱い所でも生育できる。

陽生植物と陰生植物の光－光合成曲線

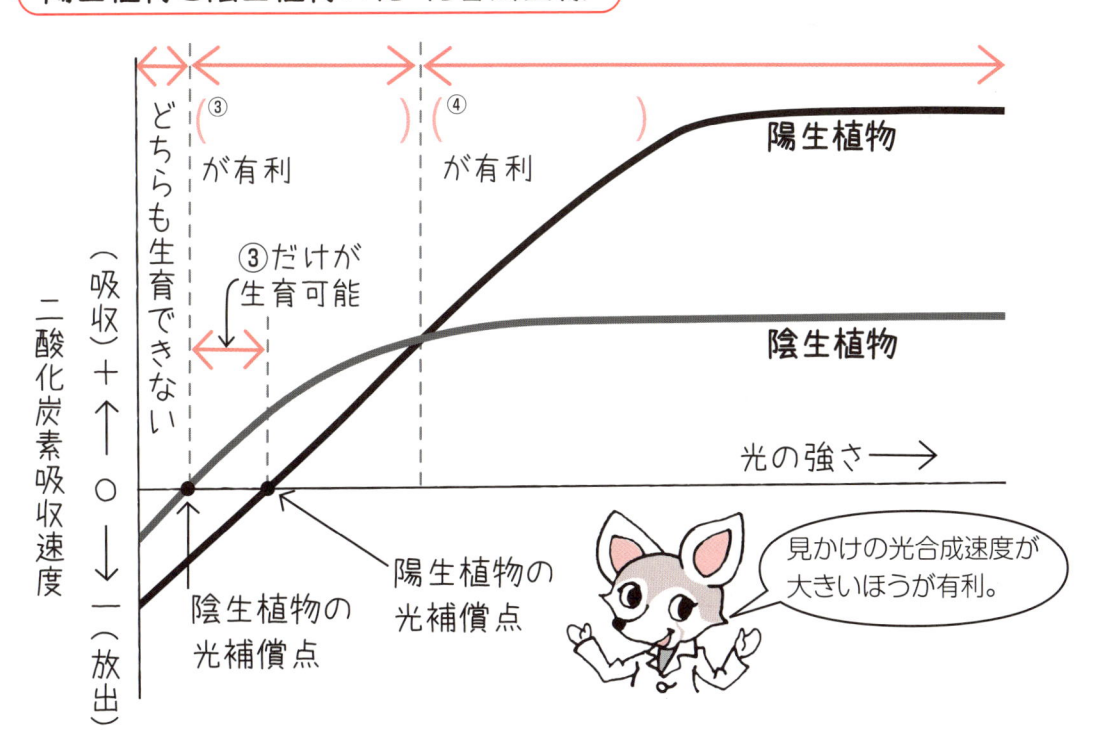

どちらも生育できない

③（　　　　）が有利

④（　　　　）が有利

③だけが生育可能

陽生植物

陰生植物

光の強さ →

二酸化炭素吸収速度 （吸収）＋←０→−（放出）

陰生植物の光補償点

陽生植物の光補償点

見かけの光合成速度が大きいほうが有利。

第4章　生物の多様性と生態系

42 遷移のしくみ①

◎遷移とは

❶ 植生を構成する植物の種が時間とともに変化していくことを**遷移**といいます。種の構成が変わることで，相観も変わっていきます。

❷ 遷移は，より早い時期に侵入した植物が環境（土壌，光，水，気温，風向など）を変え，その新たな環境に適した別の植物が定着して優占することで起こります。このくり返しで植生が変化していきます。遷移の進行には，特に土壌と光が影響を与えます。

❸ 火山の噴火によって溶岩が地表をおおうなど，土壌のない裸地から始まる遷移を**一次遷移**，耕作しなくなった農地や森林伐採後の跡地，山火事跡など，既に形成されていた植生が破壊された場所から始まる遷移を**二次遷移**といいます。二次遷移では，土壌が存在し，植物の種子や地下茎が残っているので，一次遷移にくらべて速く遷移が進みます。

◎一次遷移① 裸地に侵入する先駆植物

❶ **裸地**では，地表の保水力が弱くて養分となる無機塩類も少なく，直射日光による高温や乾燥にもさらされるなど，ほとんどの植物にとって生育しにくい環境になっています。このような裸地には，多くの場合，乾燥に強い植物が最初に侵入します。遷移の初期に侵入する植物を**先駆植物**（パイオニア植物）といいます。

❷ 裸地には，岩石の表面に生育する**コケ植物**や**地衣類**が最初に侵入します。イタドリのような乾燥に強い草本が侵入することもあります。

❸ 岩石は年月をかけて，風化され細かく砕かれていきます。また，先駆植物の枯死体によって有機物が蓄積されます。これらの有機物は微生物の働きによって分解され，養分となる無機塩類（**栄養塩類**）を含んだ**土壌を形成します**。土壌が形成されると，**ススキやヨモギ**などの草本が侵入し，**草原**になります。

> **重要ワード**
> **地衣類** 菌類（カビの仲間）と光合成をする藻類または細菌とが一緒になって生活する共生体。キゴケやウメノキゴケなどコケのように見える形状のものが多いが，コケ植物ではない。

解説　植物が生育するには窒素（N）やリン（P）などを根から吸収する必要がありますが，これらの元素を含んだ塩類を**栄養塩類**といいます。

❹ 植物が増えると，根が伸びる際に岩石を細かく砕いたり，落葉，落枝の分解によって栄養塩類が増えたりして，さらに土壌の形成が進んでいきます。

ポイント！
- ★ **一次遷移**…溶岩上など土壌や生物のない裸地から始まる遷移。
- ★ **二次遷移**…山火事跡など土壌や植物種子などのある土地で始まる遷移。
- ★ **先駆植物**…厳しい環境で生育可能，枯死体は分解され土壌を形成する。

図解まとめ の答え　①一次遷移　②二次遷移　③先駆　④草原

図解まとめ

遷移 …時間とともに<u>植生が変わっていくこと</u>。
　　　　　　　　　　　　└─ 構成種が入れかわり，相観も変わる。

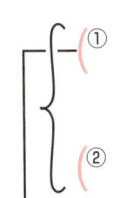

- (①) …噴火後の溶岩上など土壌のない裸地から始まる遷移。
- (②) …森林の伐採や山火事などの後，<u>土壌が既に形成されている土地</u>で始まる遷移。

　　　　　　　　　　　　　　　遷移が速く進む！

溶岩におおわれた裸地からスタート
- **土壌がない** ｛地表の保水力にえしい。／養分が少ない。｝
- 日光や風を防ぐものがない。

　　　高温・乾燥

イタドリはアスファルトの道路にもよく生えているね。

母岩

乾燥に強い。
種子が遠くから風などによって運ばれる。
(③) 植物の**コケ植物，地衣類，イタドリ**などが侵入。

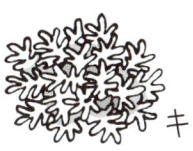

キゴケ（地衣類）

土壌の形成
- 風化（日光，雨水，温度変化）
- 有機物，養分の供給
  （先駆植物の枯死体）

ススキ　ヨモギ

(④) …ススキ，ヨモギなど

土壌

次のページに続く！

第4章　生物の多様性と生態系

115

43 遷移のしくみ②

◎一次遷移② 森林の形成と樹種の変化

❶ 土壌が形成され，土壌の層が厚くなると，木本（樹木）が根を張れるようになってきます。木本が生育すると，地表は暗くなり，**光の強さが遷移の進行のおもな要因となります。**

❷ 草原に最初に侵入する木本（**先駆樹種**）は，オオバヤシャブシやハコネウツギのような**低木**です。（地表が明るい。）このような低木は，日なたでの生育に適している**陽樹**です。その後，**陽樹の高木であるアカマツ**などが侵入し，**陽樹林**が形成されます。

❸ **森林の内部は光が弱く，陽樹の幼木は生育することができません。** そこで，**スダジイやアラカシのように光が弱くても生育することができる陰樹の幼木が育ってきます。**

❹ やがて，**林冠**を形成していた陽樹が枯れると，それに代わり陰樹が林冠を形成するようになり，陽樹と陰樹の**混交林**を経て，**陰樹林**となります。

> **先駆樹種の種子**は小さくて軽いものが多く，風や鳥に運ばれたりして遠くから草原に侵入してきます。
> **極相樹種の種子**はどんぐりのように大きいものが多くて侵入が遅いのですが，発芽した後，暗い林床でもよく育つことができます。

❺ 陰樹の幼木は暗い林床でも生育することができるので，**陰樹林の状態が長く続きます。** このように植生に変化が見られなくなった状態を**極相**（**クライマックス**）といい，極相を構成する樹種を**極相樹種**といいます。

◎ギャップの更新

❶ 陰樹林の状態が維持された極相林でも，林冠を占める樹木が枯れたり台風などによって倒れたりすると，**林床に光が届くようになります。** このような場所を**ギャップ**といいます。

❷ ギャップでは，他の場所から飛来した種子や土壌中の先駆樹種（陽樹）の種子が発芽・成長し，陽樹林→混交林→陰樹林という遷移が起こることがあります。このように，**ギャップを中心に樹種が入れ替わることをギャップの更新といいます。**

> 解説　ギャップの更新は生態系の復元力（→ 51）を支えるしくみの1つであり，p.141の図ではギャップの形成と更新される過程の一部を示しています。

❸ ギャップの更新により，林内では樹種の**多様性**が見られ，ひいては動物の多様性も見られるようになります。（遷移の異なる時期の林がモザイク状に混在するため。）

ポイント！
- ★ **遷移の進行**…裸地→草原→低木林→**陽樹林**→混交林→**陰樹林**
- ★ **極相**…陰樹林まで進むとそれ以上遷移は進行しない。
- ★ **ギャップの更新**…極相林でも部分的に遷移のやり直しが起こる。

図解まとめ の答え　①陽樹　②陰樹　③極相　④ギャップ　⑤二次遷移

図解まとめ

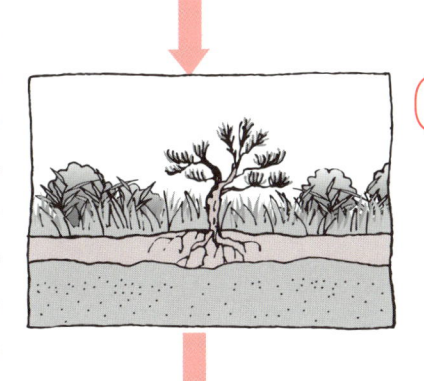

低木林…オオバヤシャブシやハコネウツギ，アカマツなどが草原に侵入。

光合成で生産される有機物が格段に増える。
↓ 落ち葉など増える
土壌の形成進む。

オオバヤシャブシ

（①　）林…アカマツなどの高木が森林を形成。

林床が暗くなる。
↓
陽樹の幼木が育たず陰樹が侵入して成長。

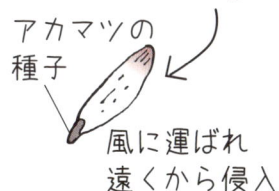

アカマツの種子　風に運ばれ遠くから侵入

混交林…スダジイやアラカシなどの陰樹がまじる。

スダジイの種子 　アラカシの種子

（②　）林…高木層の陽樹が枯れた後は陰樹だけになる。

（③　）…植生が安定し遷移しなくなる。

遷移再スタート

- 木が倒れて部分的に林床に光が届くようになる…④（　）
- 伐採や山火事で植生破壊…⑤（　）へ。

第4章 生物の多様性と生態系

確認テスト⑮

合格点:17問／27問

解答→別冊 p.12

テストに出る**用語を確認！**

1 わからなければ❸❾へ

1. ある一定の地域に生育する植物のまとまりを何といいますか。

2. ある場所の①を代表する植物で，個体数が多く，地表面を最も広くおおっている種を何といいますか。

3. 森林の最上部は林冠といいますが，地表部は何といいますか。

2 わからなければ❹⓪へ

4. 光 - 光合成曲線で，光の強さが0のとき，二酸化炭素吸収速度の大きさは植物の何という代謝の速度を示していますか。

5. 光 - 光合成曲線で，光合成速度と呼吸速度が等しくなる光の強さを何といいますか。

6. 光 - 光合成曲線で，ある一定の光の強さに達すると光合成速度が一定になることを何といいますか。

3 わからなければ❹❶へ

7. 光補償点が低く，弱い光条件でも生育できる植物を何植物といいますか。

8. 光補償点が高く，光飽和点が高いため光が強い環境での生育に有利な植物を何植物といいますか。

4 わからなければ❹❷,❹❸へ

9. ある場所の植生が長い年月の間に時間とともに徐々に変化していくことを何といいますか。

10. 二次遷移が一次遷移より速く進む理由は何ですか。

11. コケ植物，地衣類，イタドリなど，遷移の初期に見られる植物を何植物といいますか。

12. 陽樹林の下層で，陽樹の幼木が育たず陰樹の幼木が育つのはなぜですか。

13. 遷移が進んだ結果，植生に変化が見られなくなった安定した状態を何といいますか。

テストに出る図を確認！

1. 光 - 光合成曲線　わからなければ **40** へ

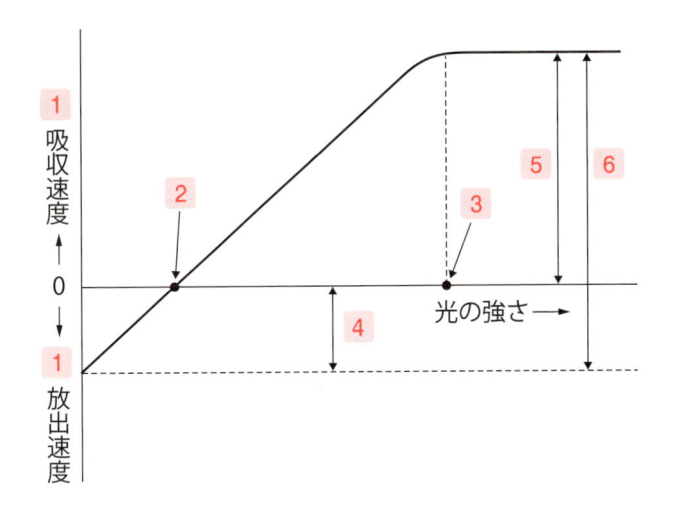

- 1 吸収速度 / 放出速度
- 2
- 3
- 4
- 5
- 6

1	
2	
3	
4	
5	
6	

2. 2通りの光 - 光合成曲線　わからなければ **41** へ

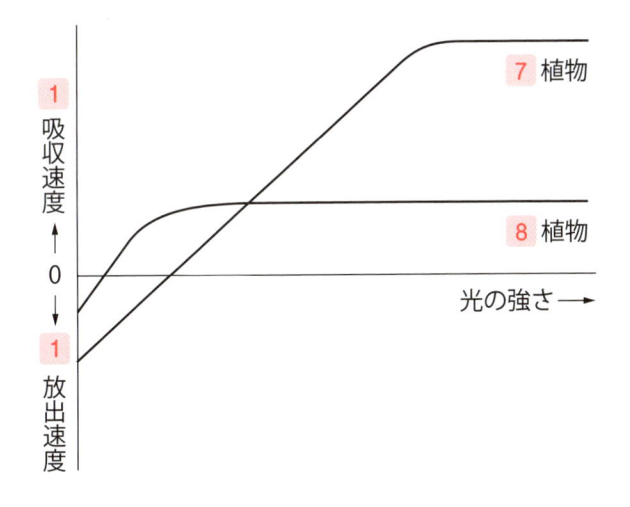

- 7 植物
- 8 植物

7		植物
8		植物

3. 一次遷移　わからなければ **42**, **43** へ

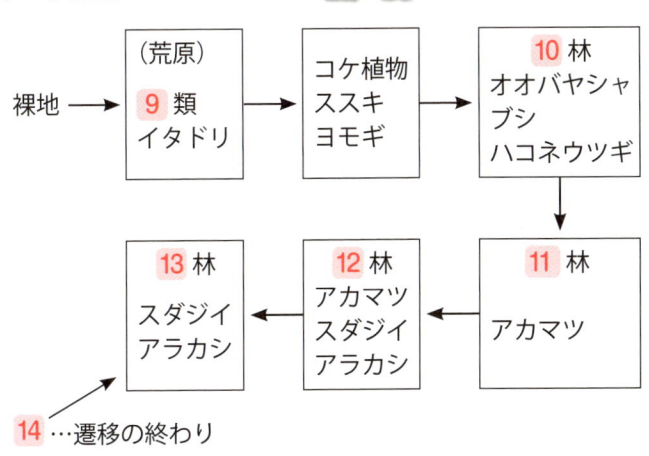

裸地 → （荒原）**9** 類 イタドリ → コケ植物 ススキ ヨモギ → **10** 林 オオバヤシャブシ ハコネウツギ → **11** 林 アカマツ → **12** 林 アカマツ スダジイ アラカシ → **13** 林 スダジイ アラカシ

14 …遷移の終わり

9		類
10		林
11		林
12		林
13		林
14		

第4章　生物の多様性と生態系

44 気候とバイオーム

◎バイオームとは

バイオームとは，ある地域の植生を構成する植物とそこに生息する動物を含めたすべての生物の集まりをいいます。動物の生息は，食物連鎖（→ p.128）の関係から植物に影響されるため，陸上のバイオームは植生によって分類されています。

◎バイオームと気候

❶ **森林** 降水量が十分多い地域に分布。気温などにより次のような種類に分かれます。

バイオーム	気候	特徴と生物例
熱帯多雨林	高温多湿	樹高が高い常緑広葉樹，つる植物，着生植物。樹種や動物の**種数が非常に多い**。**土壌が薄い**。[フタバガキ，ラン類]
亜熱帯多雨林	熱帯多雨林よりやや年平均気温が低い	常緑広葉樹，木生シダ。河口の**マングローブ林**に多様な生物が生息。[ヒルギ類，ヘゴ，ソテツ]
雨緑樹林	雨季と乾季が明瞭	雨季に葉をつけ**乾季に落葉**。[チーク]
照葉樹林	暖温帯	**常緑広葉樹**，葉が厚く光沢がある（＝クチクラ層が発達）。[クスノキ，タブノキ，スダジイ]
夏緑樹林	冷温帯	落葉広葉樹，**冬に落葉**。[ブナ，ミズナラ]
硬葉樹林	地中海性気候（夏に著しく乾燥）	葉が硬くて小さい（＝耐乾性が高い）。[オリーブ，コルクガシ]
針葉樹林	亜寒帯	樹種と階層が少ない。[トウヒ類，モミ類]

❷ **草原** 降水量が少ない地域に分布。気温の高低で2種類のバイオームに分類されます。
　　　　{ サバンナ…**熱帯草原**。イネ科の草本が優占し，それに加えて高木や低木が散在。
　　　　{ ステップ…**温帯草原**。イネ科の草本が中心，樹木はほとんどない。

❸ **荒原** 著しい乾燥や低温のため，生物が非常に少ないバイオームです。
　　　　{ 砂漠…著しく**乾燥**した地域。[サボテンなどの多肉植物]
　　　　{ ツンドラ…著しく**低温**の地域。[コケ植物，地衣類]

> ★ **バイオームは気候によって決まる植生の種類。**
> 　森林…熱帯多雨林，亜熱帯多雨林，照葉樹林，夏緑樹林，針葉樹林など
> 　草原…サバンナ，ステップ
> 　荒原…砂漠，ツンドラ

図解まとめ の答え ①バイオーム ②熱帯多雨林 ③ツンドラ ④砂漠 ⑤針葉樹林 ⑥夏緑樹林 ⑦照葉樹林

図解まとめ

(①) …ある地域にすむ全生物の集まり（構成，全体像）。

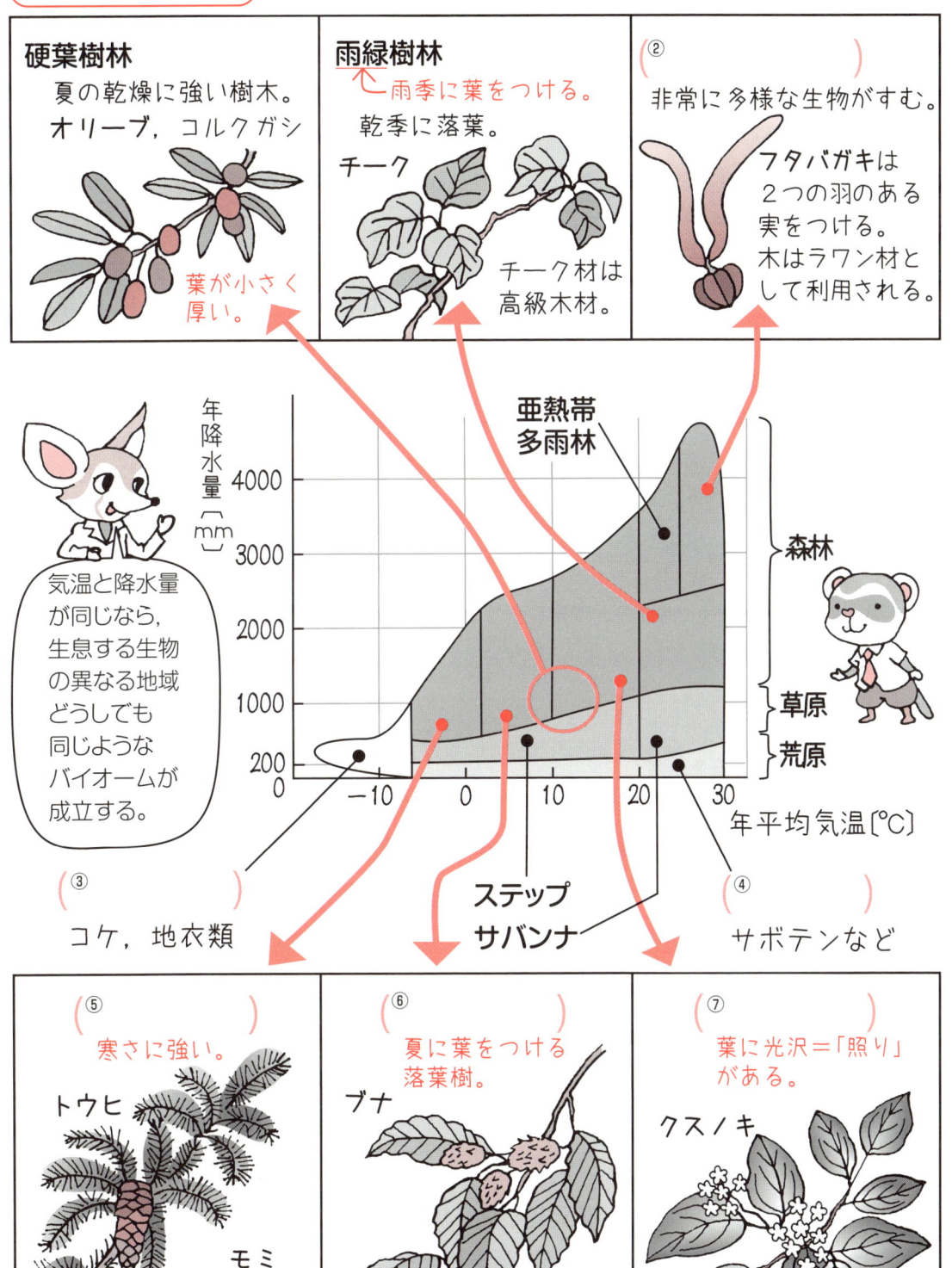

硬葉樹林
夏の乾燥に強い樹木。
オリーブ，コルクガシ
葉が小さく厚い。

雨緑樹林
雨季に葉をつける。
乾季に落葉。
チーク
チーク材は高級木材。

(②)
非常に多様な生物がすむ。
フタバガキは2つの羽のある実をつける。木はラワン材として利用される。

年降水量〔mm〕／年平均気温〔℃〕
亜熱帯多雨林
森林／草原／荒原
ステップ／サバンナ

気温と降水量が同じなら，生息する生物の異なる地域どうしでも同じようなバイオームが成立する。

(③) コケ，地衣類

(④) サボテンなど

(⑤) 寒さに強い。
トウヒ
モミ　クリスマスツリーの木

(⑥) 夏に葉をつける落葉樹。
ブナ

(⑦) 葉に光沢＝「照り」がある。
クスノキ

第4章 生物の多様性と生態系

121

45 日本のバイオーム

◎水平分布

❶ **日本では，ほとんどの地域で降水量が豊富なので，森林が成立します**。日本の各地域のバイオームは，気温の影響を受けて決まります。

❷ 日本列島は南北に長く，緯度の高い北の地域ほど寒冷で，緯度の低い南の地域ほど温暖です。そのため，緯度の違いによって，バイオームの違いが見られます。このように**緯度の違いによるバイオームの分布**を**水平分布**といいます。

❸ 日本での水平分布は，**低緯度から高緯度（南から北）に向かって，亜熱帯多雨林，照葉樹林，夏緑樹林，針葉樹林**の順に変化していきます。

　① **亜熱帯多雨林**は，沖縄や九州の南端に分布しています。アコウ，ガジュマルなどが見られ，河口にはメヒルギが**マングローブ林**を形成しています。

　② **照葉樹林**は，本州の関東から西の地方，九州，四国の平野部に分布しています。**クスノキ，タブノキ，アラカシ，スダジイ，ヤブツバキ**などが見られます。

　③ **夏緑樹林**は，東北地方，北海道の南西部の平野部に分布しています。**ブナ，ミズナラ，カエデ**が見られます。

　④ **針葉樹林**は，北海道の北東部に分布し，**エゾマツやトドマツ**が見られます。

◎垂直分布

❶ 日本は山地が多く，標高の違いによって気温が異なります。標高が1000m高くなると気温が5～6℃低下します。そのため，標高の違いによってバイオームの違いが見られます。この**垂直方向のバイオームの分布**を**垂直分布**といいます。

❷ 本州中部では次のような分布が見られます。
- **丘陵帯**（標高 0～700m）…照葉樹林
- **山地帯**（標高 700～1500m）…夏緑樹林
- **亜高山帯**（標高 1500～2500m）…針葉樹林

❸ 亜高山帯の上限では低温・乾燥・強風のため高い樹木が育たない**森林限界**となっています。森林限界より上の**高山帯**には**ハイマツ**のような低木が見られ，また**コマクサ**や**コケモモ**のような高山植物が**お花畑**とよばれる高山草原を形成しています。

★ 日本のバイオームは（全国で多雨のため）**気温**で決まる。
- **水平分布**（南北）…亜熱帯多雨林，照葉樹林，夏緑樹林，針葉樹林
- **垂直分布**（高低）…照葉樹林，夏緑樹林，針葉樹林，高山草原

図解まとめ の答え ①水平 ②亜熱帯多雨林 ③森林限界 ④亜高山帯 ⑤丘陵帯

図解まとめ

日本のバイオーム …降水量が多いので，ほぼ全域で**森林**が成立。

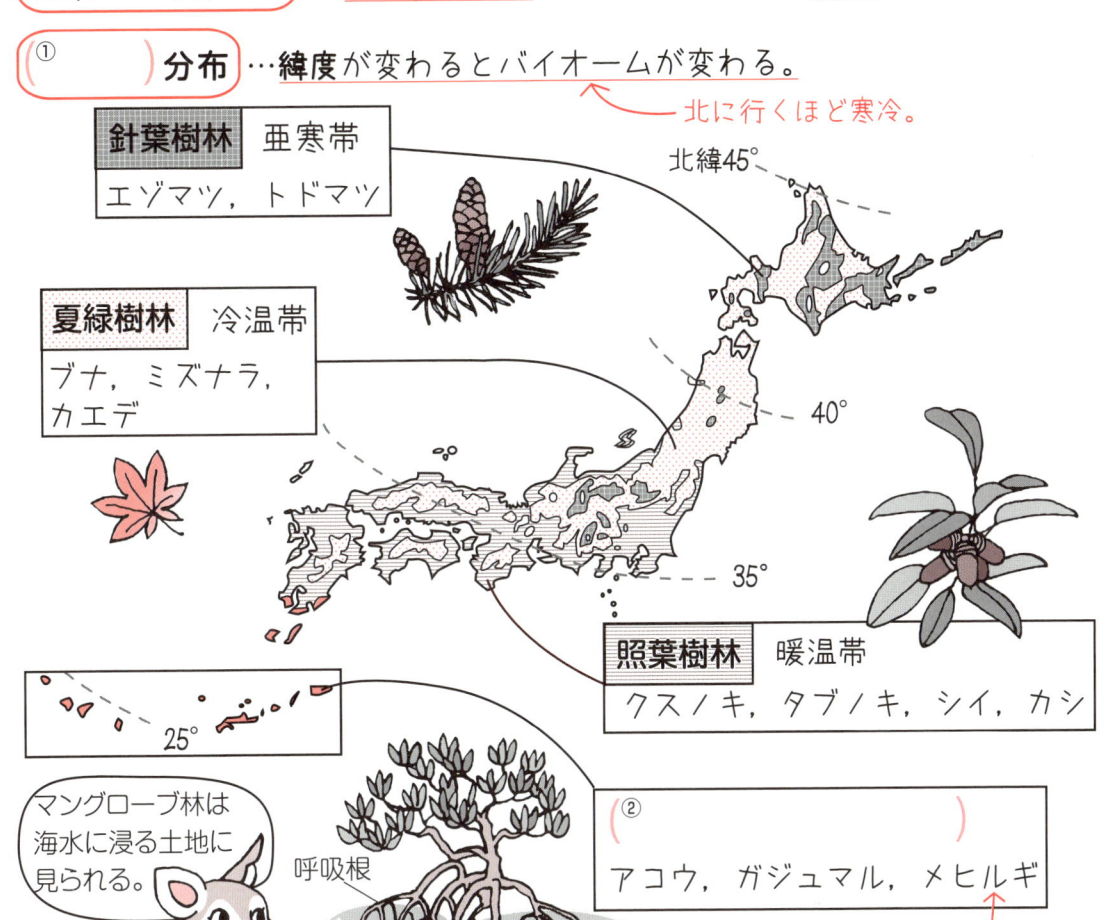

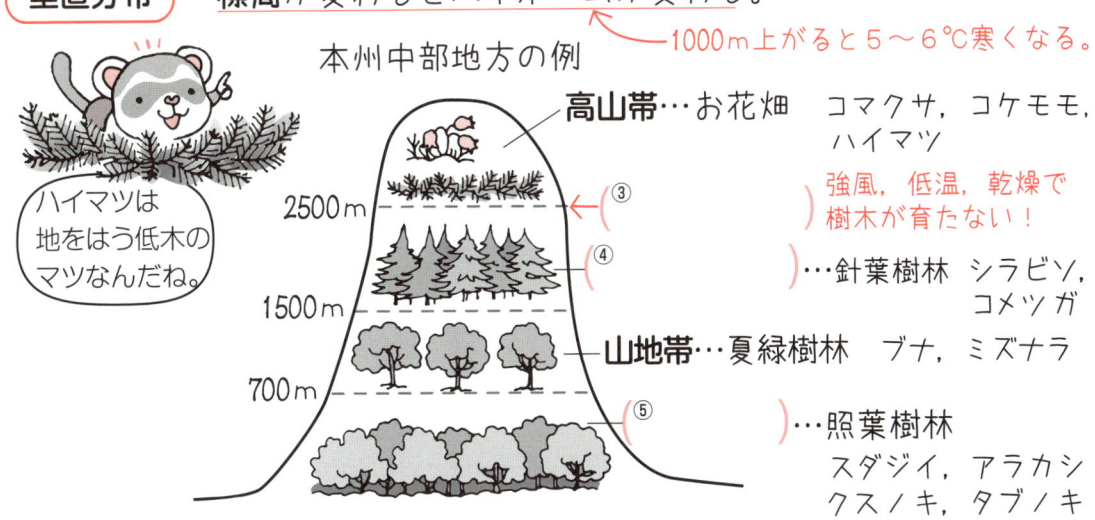

(①) 分布 …**緯度**が変わるとバイオームが変わる。
→ 北に行くほど寒冷。

針葉樹林 亜寒帯
エゾマツ，トドマツ

夏緑樹林 冷温帯
ブナ，ミズナラ，カエデ

北緯45°
40°
35°

照葉樹林 暖温帯
クスノキ，タブノキ，シイ，カシ

25°

マングローブ林は海水に浸る土地に見られる。 呼吸根

(②)
アコウ，ガジュマル，メヒルギ
← マングローブ林

垂直分布 …**標高**が変わるとバイオームが変わる。
→ 1000m上がると5〜6℃寒くなる。

本州中部地方の例

ハイマツは地をはう低木のマツなんだね。

高山帯…お花畑　コマクサ，コケモモ，ハイマツ
強風，低温，乾燥で樹木が育たない！

2500m ←(③)
(④)…針葉樹林　シラビソ，コメツガ
1500m
山地帯…夏緑樹林　ブナ，ミズナラ
700m
(⑤)…照葉樹林　スダジイ，アラカシ，クスノキ，タブノキ

第4章 生物の多様性と生態系

確認テスト 16

合格点：21問／34問

解答→別冊 p.12〜13

テストに出る用語を確認！

1 わからなければ44へ

1. ある地域の植生を構成するすべての生物の集まりを，その地域の気候を反映した相観を示すものとして何といいますか？

2. 高温多湿の地域に成立し，非常に樹高の高いフタバガキなどの常緑広葉樹やつる植物，着生植物などが見られるバイオームは何ですか？

3. 熱帯に成立し，まばらに低木が見られる草原は何といいますか？

4. 温帯の，降水量の少ない地域に成立する草原は何といいますか？

5. 著しい低温の地域に成立し，コケ植物や地衣類が優占するバイオームを何といいますか？

6. 熱帯で成立するバイオームを降水量が多い順にあげなさい。

7. 降水量が豊富な地域のバイオームを年平均気温が高い順にあげなさい。

2 わからなければ45へ

8. 日本ではほとんどの地域で森林が成立します。それはなぜですか？

9. おもに年平均気温により決定し，緯度の違いに伴って見られるバイオームの分布を何といいますか？

10. 日本で見られるバイオームを低緯度から順にあげなさい。

11. 高木層がクスノキ，タブノキ，シイなどで占められるバイオームは？

12. 高木層がブナやミズナラなどで占められるバイオームは？

13. 標高の違いに伴って生じるバイオームの分布を何といいますか？

14. 本州中部地方では標高2500m付近で見られる亜高山帯と高山帯の境界を何といいますか。

テストに出る図を確認！

1. 気候とバイオームの関係 ◀わからなければ44へ

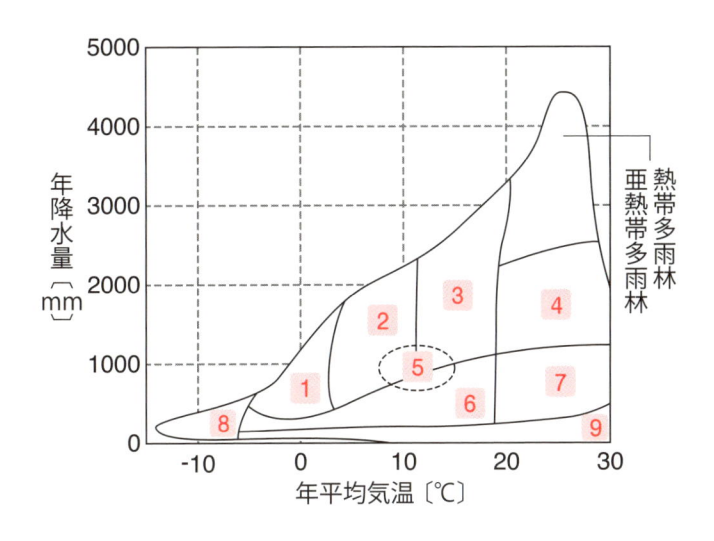

1	___
2	___
3	___
4	___
5	___
6	___
7	___
8	___
9	___

2. 日本のバイオーム ◀わからなければ45へ

10 _____分布

11	_____林
12	_____林
13	_____林
14	_____林

15 _____分布

〈本州・中部地方の例〉

16	___
17	_____帯
18	_____帯
19	_____帯
20	_____帯

第4章 生物の多様性と生態系

125

46 生態系

◎生物と非生物的環境

❶ 生物を取り巻く環境には，**生物的環境**と**非生物的環境**があります。生物的環境とは，ある生物に影響を与える（食べる・食べられる，共生など）他の生物のことで，非生物的環境とは，温度，光，水，大気，土壌などをいいます。 ― 同種の他個体も含む。

❷ **生物が非生物的環境から受ける影響**を**作用**といいます。たとえば，植物の光合成は，光や温度の影響を受けます。 ― 逆方向の働きかけ。セットで覚えましょう。

❸ **生物が非生物的環境に与える影響**を**環境形成作用**といいます。たとえば，植物の光合成により，大気中の CO_2 が減り，O_2 が増えます。また，植物が成長して茂ると，その下は暗くなったり風がさえぎられたりして1日の温度や湿度の変化が小さくなります。

◎生態系における役割で分けた生物

❶ 生態系を構成する生物は，役割により**生産者**と**消費者**に分けられます。これらは互いに影響しあっています。

❷ 植物は，光合成を行って無機物の二酸化炭素や水からデンプンなどの有機物を合成しています。このように**無機物から有機物を合成する生物**を**生産者**といいます。

❸ 動物は有機物を食物として外界から取り入れ，それを利用して生活しています。このように**他の生物が合成した有機物に依存して生きている生物**を**消費者**といいます。

❹ 消費者のうち，植物を食べる植物食性動物（植食性動物）を**一次消費者**といい，植物食性動物を食べる動物食性動物（肉食性動物）を**二次消費者**といいます。さらに**三次消費者**，**四次消費者**などの高次の消費者も存在します。 ― 二次消費者を食べる動物 ― 三次消費者を食べる動物

❺ 植物食性動物のからだをつくる有機物の由来は植物なので，それを食べる動物食性動物も間接的に植物が生産した有機物を利用していることになります。

❻ 消費者のうち，**生物の枯死体や排出物などに含まれる有機物を無機物に分解する過程に関わる生物**を**分解者**といいます。分解者には，**菌類**（カビやキノコ）や**細菌類**がいます。分解者によって生じた無機物は再び生産者に利用されます。

ポイント！
★ **生態系**…**生物の集団**と**非生物的環境**からなる１つのまとまり。
★ 生物の集団は，**生産者**と**消費者**（および分解者）に分けられる。

図解まとめ の答え ①非生物的環境 ②生態系 ③作用 ④環境形成作用 ⑤生産者 ⑥消費者 ⑦分解者

図解まとめ

生態系…ある地域(空間)の **生物の集団** と (①　　　　　　　　　) を1つのまとまりとしてとらえたもの。

1つのまとまりとしてとらえる範囲は大小さまざま。

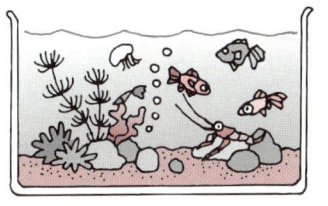

水槽の生態系 　　森林の生態系 　　地球の生態系

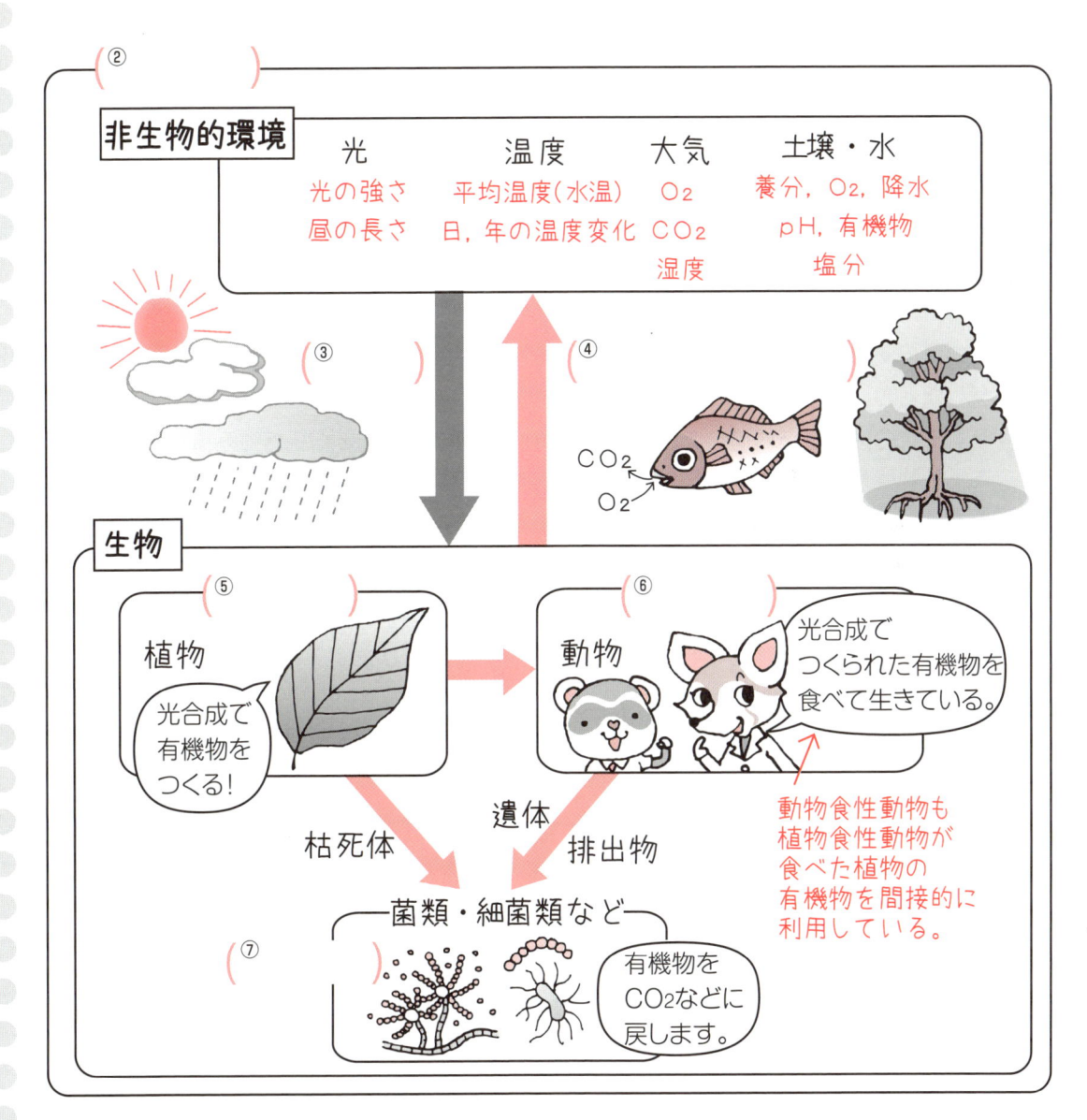

(②　　　　　)

非生物的環境

光	温度	大気	土壌・水
光の強さ	平均温度(水温)	O_2	養分, O_2, 降水
昼の長さ	日, 年の温度変化	CO_2	pH, 有機物
		湿度	塩分

(③　　　　　)　(④　　　　　)

生物

(⑤　　　　　) 植物
光合成で有機物をつくる！

(⑥　　　　　) 動物
光合成でつくられた有機物を食べて生きている。

動物食性動物も植物食性動物が食べた植物の有機物を間接的に利用している。

枯死体　遺体　排出物

(⑦　　　　　) 菌類・細菌類など
有機物をCO_2などに戻します。

第4章　生物の多様性と生態系

127

47 食物連鎖と食物網

◎食物連鎖・食物網

❶ 水田で育てられたイネ(生産者)をイナゴ(一次消費者)が食べ，そのイナゴをカエル(二次消費者)が食べ，さらにカエルをモズ(三次消費者)が食べる，というように，**生産者，一次消費者，二次消費者，さらに高次消費者へと，食う食われるの関係は連続的につながっています。**このつながりを**食物連鎖**といいます。

> 食物連鎖は，必ず生産者から高次消費者へ途切れずつながっています。
> ただし，同じ動物が一次消費者でもあり二次消費者でもある(二次消費者が直接生産者を食べる)というようなことはあります。

❷ 生態系を構成する生物の種類は多様なので，ある動物が1種類の生物だけを専門的に食べていたり，1種類の生物だけに捕食されるということはまれです。水田のイナゴはイネだけでなくエノコログサなど他の植物も食べますし，カエル以外にもクモやカマキリなど他の動物にも捕食されます。そのため，生態系を構成する生物どうしを食物連鎖の関係で結ぶと，複雑な網目状になります。これを**食物網**といいます。

◎栄養段階と生態ピラミッド

❶ 生態系の生物を，生産者，一次消費者，二次消費者…というように，食物連鎖の段階に分けたとき，それぞれの段階を**栄養段階**といいます。

❷ それぞれの栄養段階について生物量(生物の乾燥重量など)をくらべてみると，生産者である植物は最も多く，一次消費者は植物を食べて得た物質でからだをつくり，代謝も行なわなければならないので生産者より少なくなりますよね。さらに，一次消費者を食べて生きている二次消費者は一次消費者より少ないということがわかります。

❸ このような大小関係があるため，**ある生態系にすむ生物の生物量を栄養段階ごとに分け，生産者から順に積み上げていくと，ピラミッド型になります。**これを**生物量ピラミッド**といいます。

❹ この関係は個体数についても見ることができ，**個体数ピラミッド**とよばれます。これら生物量ピラミッドや個体数ピラミッドをまとめて**生態ピラミッド**といいます。

> [解説] 個体数ピラミッドについては，1本の木の葉をたくさんのガの幼虫が食べたり，1頭の動物に多数の寄生虫がつくなど，大小関係が逆転する場合もあります。

ポイント！
★ 実際の**食物連鎖**は複雑につながりあい，**食物網**を構成する。
★ **生態ピラミッド**…生産者が最大で栄養段階が進むごとに小さくなる。
　　　　　　　生物量ピラミッド，**個体数**ピラミッド

図解まとめ の答え　①食物連鎖　②食物網　③生態ピラミッド　④栄養段階

図解まとめ

(①) …食う食われるの関係による生物のつながり。

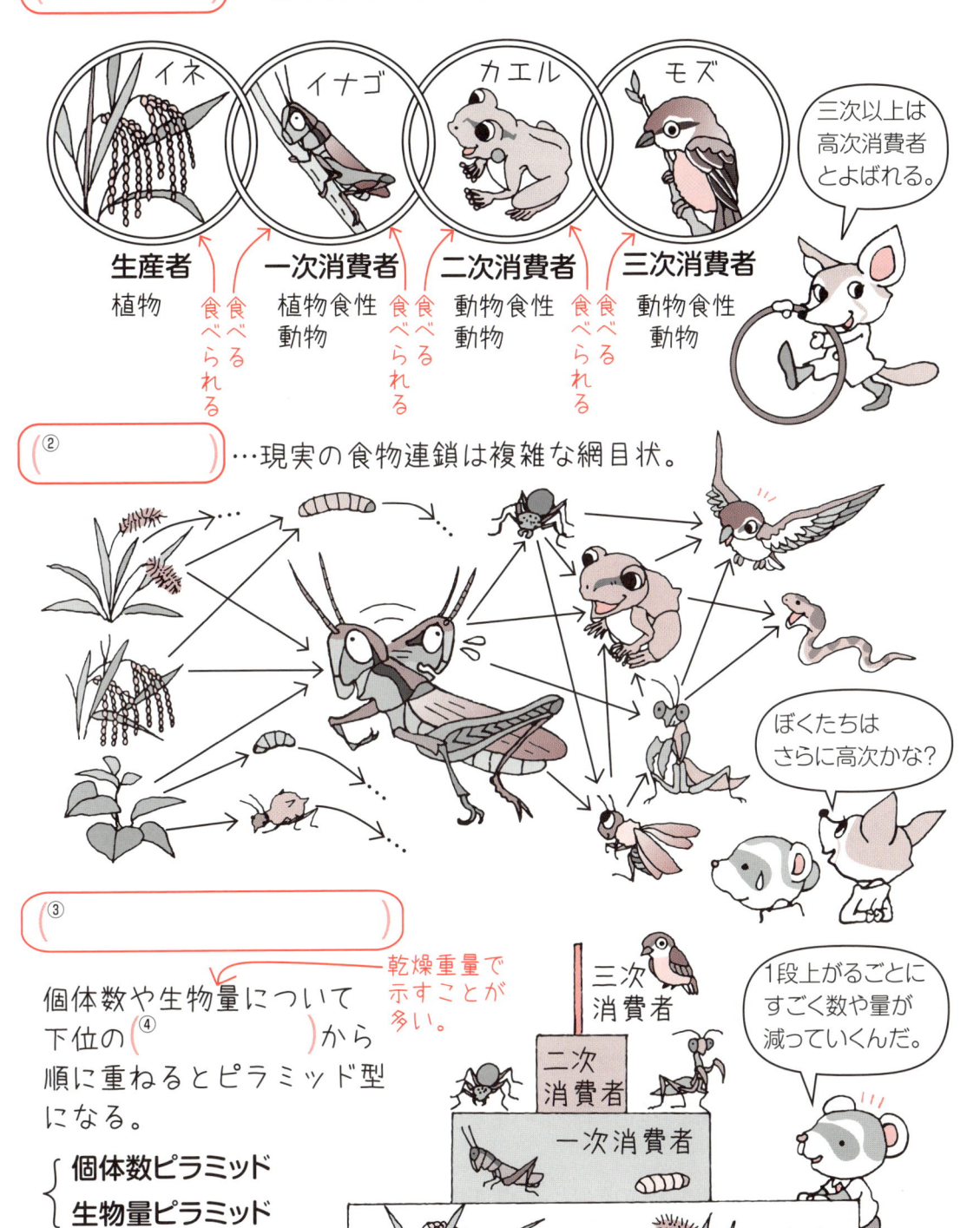

イネ	イナゴ	カエル	モズ
生産者 植物	一次消費者 植物食性動物	二次消費者 動物食性動物	三次消費者 動物食性動物

三次以上は高次消費者とよばれる。

(②) …現実の食物連鎖は複雑な網目状。

ぼくたちはさらに高次かな？

(③)

個体数や生物量について下位の(④)から順に重ねるとピラミッド型になる。

- 個体数ピラミッド
- 生物量ピラミッド

など。

棒グラフを横倒しにしたもの。

乾燥重量で示すことが多い。

1段上がるごとにすごく数や量が減っていくんだ。

第4章 生物の多様性と生態系

129

確認テスト 17

合格点：16問／26問

1 ◀わからなければ46へ

1. 生物の集団と，それを取り巻く温度，光，水などの非生物的環境からなる1つのまとまりを何といいますか。

2. 生物が非生物的環境から受ける影響を何といいますか。

3. 生物が非生物的環境に及ぼす影響を何といいますか。

4. 生態系の中で，植物のように無機物から有機物を合成する働きをもつ生物を何といいますか。

5. 生態系の中で，動物のように他の生物が合成した有機物に依存して生きている生物を何といいますか。

6. ⑤のうち，菌類や細菌類のように生物の枯死体や排出物に含まれる有機物を無機物に分解する過程に関わる生物を何といいますか。

2 ◀わからなければ47へ

7. 生態系の生物の役割のなかで，植物食性動物は生産者を直接食べる消費者ということから何とよばれますか。

8. 生態系の中で生物が生産者から順に食う食われるの関係で連続的につながっていることを何といいますか。

9. 実際の生態系では，生物どうしを食う食われるの関係で結ぶと，複雑な網目状のつながりが形成されますが，これを何といいますか。

10. 生態系の生物を生産者，一次消費者，二次消費者…のように分けた食物連鎖の各段階を何といいますか。

11. 生態系における生物の⑩の段階ごとの量的関係を，横長の棒グラフを生産者から順に積み上げてくらべたものを何といいますか。

12. ⑪のうち，生物量に関するものを何といいますか。

13. ⑪のうち，個体数に関するものを何といいますか。

テストに出る図を確認！

1. 生態系の構造　わからなければ46へ

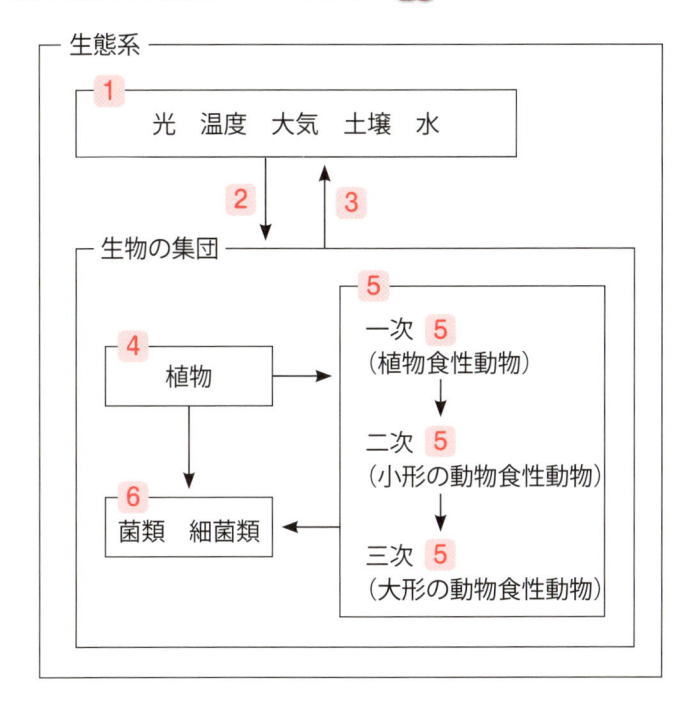

```
┌─ 生態系 ──────────────────────────────┐
│  ┌─[1]─────────────────────────┐     │
│  │   光  温度  大気  土壌  水   │     │
│  └─────────────────────────────┘     │
│         │[2]      ↑[3]                │
│  ┌─ 生物の集団 ──────────────────┐   │
│  │              ┌─[5]──────────┐ │   │
│  │  ┌─[4]─┐     │ 一次[5]      │ │   │
│  │  │ 植物├───→│（植物食性動物）│ │   │
│  │  └──┬──┘     │    ↓         │ │   │
│  │     │        │ 二次[5]      │ │   │
│  │     ↓        │（小形の動物食性動物）│
│  │  ┌─[6]────┐  │    ↓         │ │   │
│  │  │菌類 細菌類│←│ 三次[5]    │ │   │
│  │  └────────┘  │（大形の動物食性動物）│
│  │              └──────────────┘ │   │
│  └───────────────────────────────┘   │
└──────────────────────────────────────┘
```

1 _____
2 _____
3 _____
4 _____
5 _____
6 _____

2. 栄養段階間の関係　わからなければ47へ

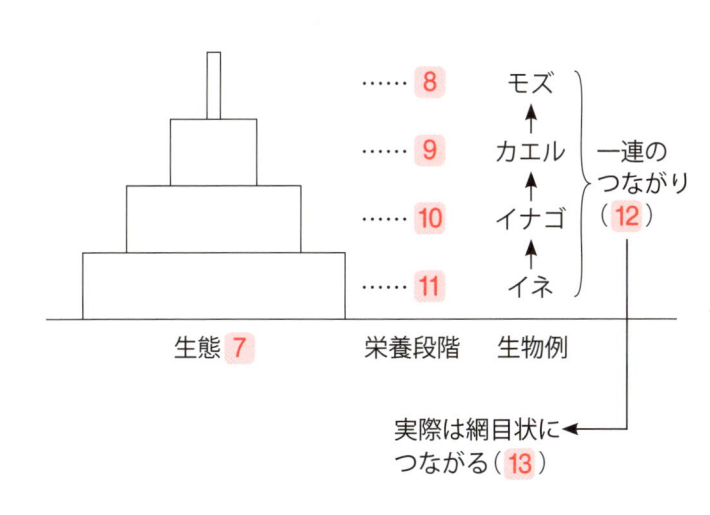

```
         ┌─┐   …… [8]   モズ  ┐
         │ │                ↑  │
       ┌─┴─┴─┐ …… [9]   カエル │ 一連の
       │     │             ↑  │ つながり
     ┌─┴─────┴─┐…… [10]  イナゴ│ ([12])
     │         │           ↑  │
   ┌─┴─────────┴─┐…[11]   イネ  ┘
   └─────────────┘
     生態[7]   栄養段階  生物例
                          │
                実際は網目状に←┘
                つながる([13])
```

7 生態_____
8 _____
9 _____
10 _____
11 _____
12 _____
13 _____

第4章　生物の多様性と生態系

48 炭素の循環

◎炭素の移動(1) 生物への取り込み

❶ 生物のからだを構成する炭水化物，タンパク質，脂質，核酸(DNA・RNA)などの**有機物**は，**炭素**(C)を含む物質です。この炭素は，**生産者は非生物的環境から取り込み，消費者は他の生物を食べてそのからだを構成する有機物を取り込むことで**，それぞれ自分のものとします。

❷ 非生物的環境から生物への炭素の取り込みは，**生産者**(植物)が大気中や水中の二酸化炭素(CO_2)を吸収し，光合成により有機物を合成することで行われます。合成された有機物は，植物のからだを構成する成分となったり，デンプンなどの栄養分として種子や根などに蓄えられたりします。

❸ 植物が合成した有機物の一部は，食物連鎖を通して，**消費者**である動物に取り込まれ，それぞれのからだを構成する成分となります。

> 動物を捕食した場合でも，植物がつくった有機物を間接的に食べたことになります。

◎炭素の移動(2) 非生物的環境への放出

❶ 植物や動物のからだを構成する有機物の一部は，それぞれの生物自身の呼吸により分解され，二酸化炭素と水になります。これにより**炭素は，二酸化炭素の状態で大気中や水中に戻っていきます**。

❷ 植物や動物の枯死体や排出物に含まれる有機物は**分解者**である**細菌類や菌類の呼吸により分解され，炭素は二酸化炭素として大気中や水中に放出されます**。

> 菌類や細菌類自身はほかの生物に食べられて食物連鎖の一部を構成しています。

❸ 炭素は，**生物間では食物連鎖を通して有機物として移動**します。また，**生物と非生物的環境との間では，呼吸や光合成を通して二酸化炭素として移動**します。このようにして炭素は生態系を循環しているのです。

❹ 石油や石炭などの**化石燃料**は，太古の生物の遺骸に含まれていた有機物から生じたものです。現在，世界中で膨大な量の化石燃料が消費されて大量の二酸化炭素が放出されているため，大気中の二酸化炭素濃度が増加しています。

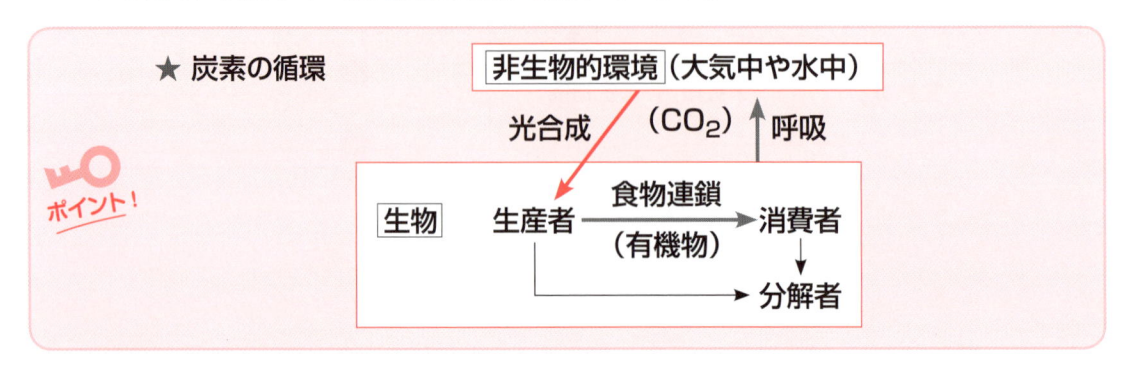

ポイント！ ★ 炭素の循環

非生物的環境(大気中や水中)
光合成 ← (CO_2) → 呼吸

生物：生産者 —食物連鎖(有機物)→ 消費者 → 分解者
生産者 → 分解者

図解まとめ の答え ①二酸化炭素 ②光合成 ③呼吸 ④分解者 ⑤化石燃料 ⑥二酸化炭素

図解まとめ

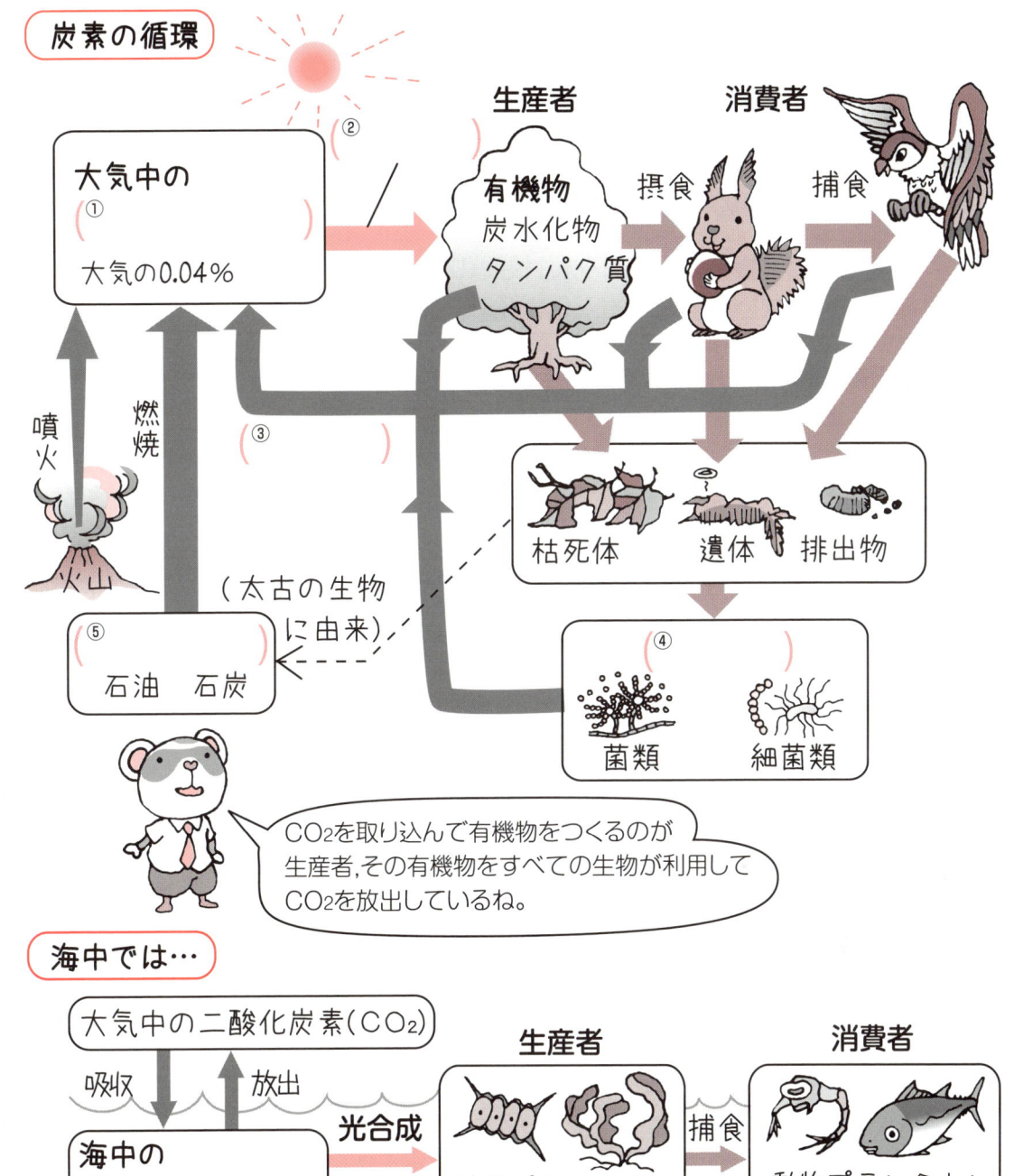

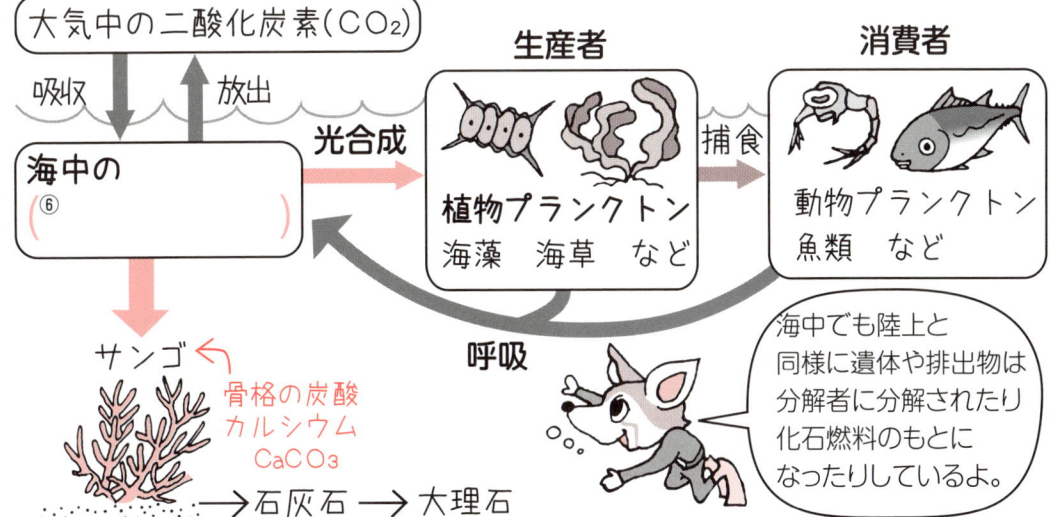

炭素の循環

生産者 / 消費者

大気中の（①　　）大気の0.04％

有機物　炭水化物　タンパク質

摂食　捕食

噴火　燃焼

（②　　）

（③　　）

枯死体　遺体　排出物

（太古の生物に由来）

（⑤　　）石油　石炭

（④　　）菌類　細菌類

> CO₂を取り込んで有機物をつくるのが生産者,その有機物をすべての生物が利用してCO₂を放出しているね。

海中では…

大気中の二酸化炭素（CO₂）

吸収　放出

海中の（⑥　　）

光合成　捕食

生産者：植物プランクトン　海藻　海草　など

消費者：動物プランクトン　魚類　など

呼吸

サンゴ ← 骨格の炭酸カルシウム CaCO₃

→ 石灰石 → 大理石

> 海中でも陸上と同様に遺体や排出物は分解者に分解されたり化石燃料のもとになったりしているよ。

第4章　生物の多様性と生態系

49 窒素の循環

◎窒素同化と窒素の循環

❶ 生物の体内で重要な働きをもつタンパク質，核酸（DNA, RNA），ATP は，いずれも**窒素**（N）を含む有機物（有機窒素化合物）です。この窒素は炭素と同じく生態系を循環しています。

> 窒素を含む有機物…タンパク質，核酸（DNA, RNA），ATP，クロロフィルなど
> 窒素を含まない有機物…炭水化物（糖），脂肪など

❷ 炭素の循環と同様に，**植物は，窒素の循環においても生産者です。**
植物は，土壌（非生物的環境）からアンモニウムイオンや硝酸イオンなどの**窒素を含む無機物を吸収し，タンパク質や核酸などの有機窒素化合物を合成します。**この働きを**窒素同化**といいます。

> アンモニウムイオンは化学式 NH_4^+，硝酸イオンは化学式 NO_3^- で表される，窒素を含んだイオンです。

❸ 植物が合成したタンパク質などの有機窒素化合物の一部は，食物連鎖を通して，消費者である動物に直接的または間接的に取り込まれ，利用されます。

❹ 動物や植物の枯死体，排出物に含まれる有機窒素化合物は，分解者である細菌の働きによりアンモニウムイオンになり，再び植物に吸収されます。このようにして窒素は土壌と生物の間を循環しています。

> さらにアンモニウムイオンを硝酸イオンに変える細菌（硝化菌）もいる。

◎大気からの窒素の出入り－窒素固定と脱窒

❶ 非生物的環境の窒素は，土壌に含まれるのはごく一部で，大部分が気体の窒素（N_2）として存在しています。生産者である植物はこの N_2 を直接利用することができません。

> N_2 は空気の主成分で，約80％を占めています。

❷ しかし，一部の生物は，**大気中の窒素を取り込んで植物が利用できるアンモニウムイオンを合成する**ことができます。この働きを**窒素固定**といいます。

　解説　窒素固定を行う生物には，マメ科植物の根に共生して根粒というこぶをつくる**根粒菌**や，土壌中にすむ窒素固定細菌，ネンジュモ（シアノバクテリア）などがいます。

❸ 土壌中の硝酸イオンの一部は，**脱窒素細菌**の働きによって気体の窒素になり，大気中に放出されます。これを**脱窒**といいます。

★ 窒素の循環では，生産者は土壌中のアンモニウムイオンなどから**窒素同化**を行う。食物連鎖や，分解者の働きなどは炭素の循環と同様。

★ 大気中の N_2 ⇄ 土壌中の窒素化合物
（窒素固定／脱窒）

図解まとめ の答え　① N_2　② 窒素固定　③ 窒素同化　④ 脱窒

図解まとめ

窒素の循環

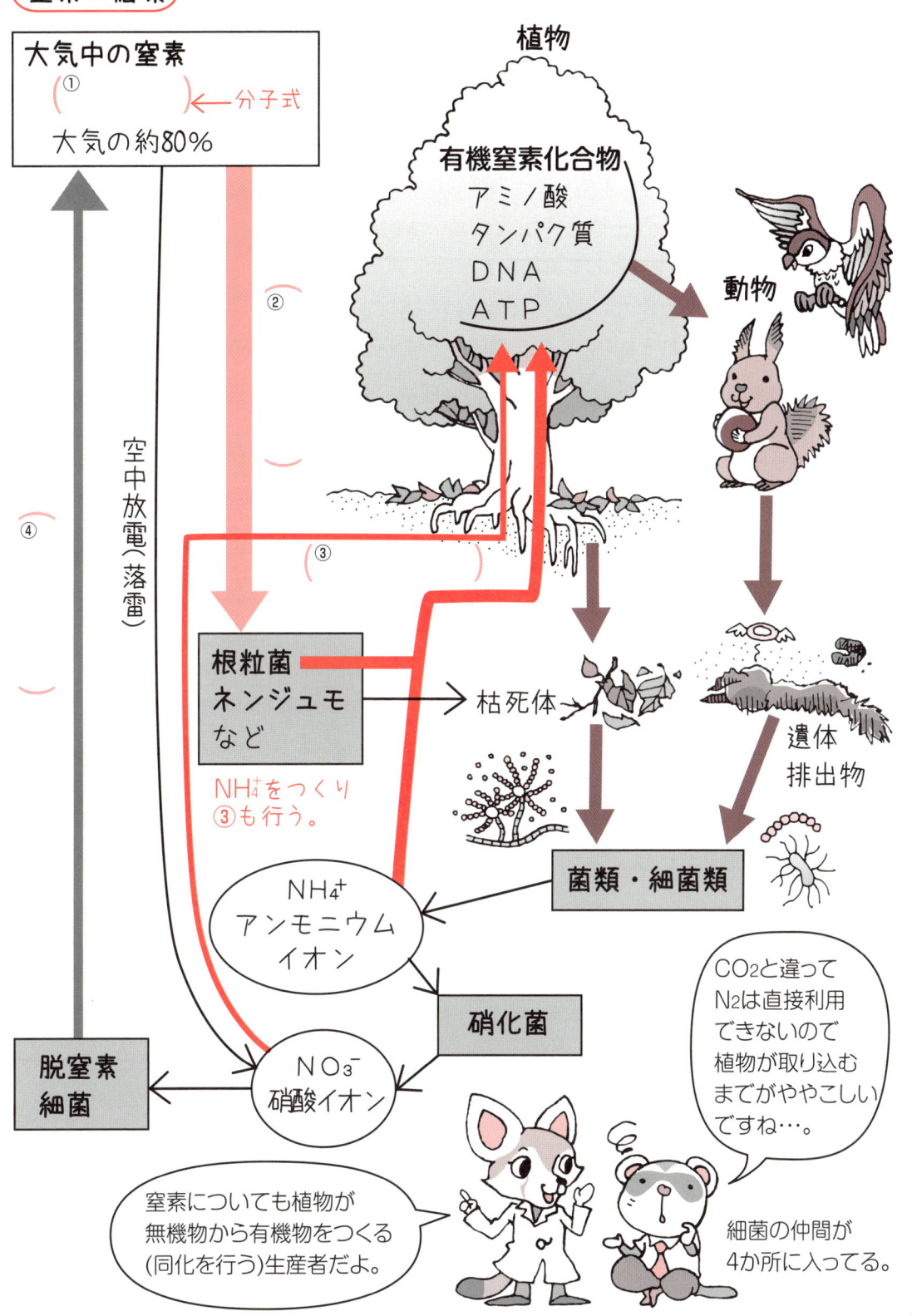

大気中の窒素
(①) ← 分子式
大気の約80%

植物
有機窒素化合物
アミノ酸
タンパク質
DNA
ATP

動物

空中放電（落雷）

(②)

(③)

(④)

根粒菌
ネンジュモ
など

→ 枯死体

NH₄⁺をつくり
③も行う。

遺体
排出物

菌類・細菌類

NH₄⁺
アンモニウム
イオン

硝化菌

脱窒素
細菌

NO₃⁻
硝酸イオン

CO₂と違って
N₂は直接利用
できないので
植物が取り込む
までがややこしい
ですね…。

窒素についても植物が
無機物から有機物をつくる
(同化を行う)生産者だよ。

細菌の仲間が
4か所に入ってる。

第4章 生物の多様性と生態系

50 エネルギーの流れ

◎生態系におけるエネルギーの移動

❶ 生物のからだを構成する炭水化物，脂質，タンパク質などは炭素を含んだ有機物で，生物のエネルギー源です（特に炭水化物のグルコース）。そのため，食物連鎖を通して有機物が移動するとともに，エネルギーも移動します。

❷ 生産者である植物は，太陽の光エネルギーを吸収し，合成したデンプンなどの有機物の中に化学エネルギーとして蓄えます。

❸ 植物が合成した有機物の一部は，食物連鎖を通して消費者である動物に直接的・間接的に取り込まれ，それぞれのからだを構成する成分となります。

❹ 植物や動物のからだを構成する有機物の一部は，それぞれの生物自身の呼吸により分解され，このとき有機物の化学エネルギーはATPの化学エネルギーに変換されて生命活動に利用されます。

❺ 生物の枯死体や排出物中の有機物にも化学エネルギーが保たれています。分解者である菌類や細菌類はこれを分解します。そして，そのとき取り出された有機物の化学エネルギーは，ATPを介して生命活動に利用されます。

> 分解者が有機物を分解する代謝も，要するに呼吸です。

❻ 有機物の化学エネルギーは，それぞれの生物の生命活動に利用されますが，最終的には熱エネルギーとして大気中に放出され，生態系の外に出ていきます。

❼ つまり，生産者が光合成で取り込んだ光エネルギーは，化学エネルギーとなって炭素の循環に伴って生態系の中を移動していきますが，最終的には熱エネルギーとして生態系の外に出ていきます。したがって，エネルギーは炭素や窒素のように生態系の中を循環することはありません。

ポイント！
- ★ 物質は循環するが，エネルギーは循環しない。
- ★ 光エネルギーとして生態系内に入る➡（光合成）➡化学エネルギーとして生物間を移動（食物連鎖）➡最終的に熱エネルギーとして生態系外に出て行く。

図解まとめ の答え　①しない　②光　③化学　④呼吸　⑤熱

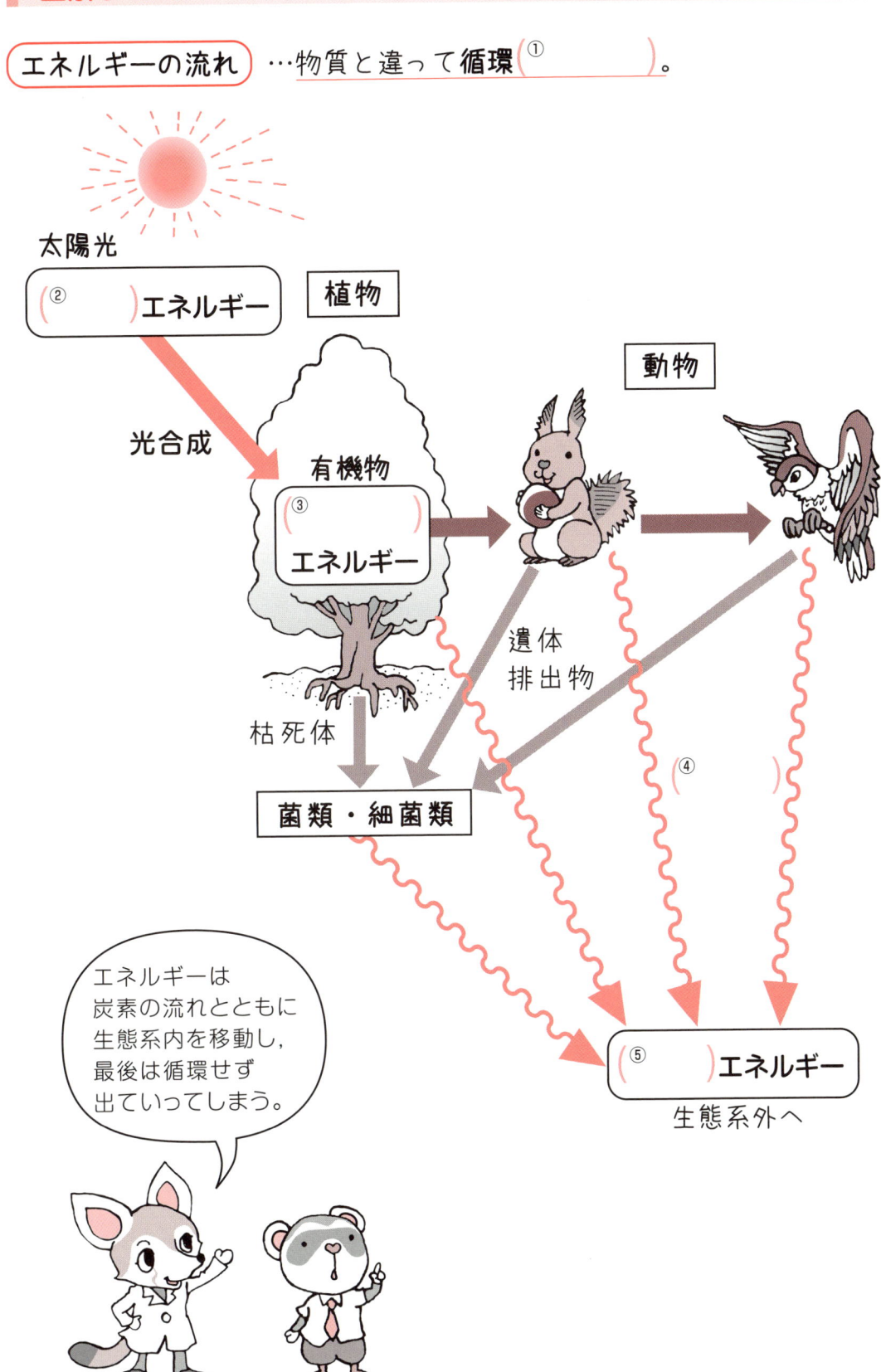

図解まとめ

エネルギーの流れ …物質と違って循環①(　　　　)。

太陽光
②(　　　　)エネルギー

植物

光合成

有機物
③(　　　　)エネルギー

動物

遺体
排出物

枯死体

菌類・細菌類

④(　　　　)

⑤(　　　　)エネルギー
生態系外へ

> エネルギーは炭素の流れとともに生態系内を移動し，最後は循環せず出ていってしまう。

第4章　生物の多様性と生態系

確認テスト 18

合格点：15問／24問

解答→別冊 p.14

テストに出る**用語を確認**！

1 わからなければ 48 へ

1. 生物が利用できる非生物的環境の炭素は，大気中や水中に存在する何という化合物の状態でおもに存在しますか。

2. [1]として存在する非生物的環境の炭素は，生産者（植物）の何という働きにより生物に取り込まれますか。

3. 生物の体内の有機物に含まれる炭素は，すべての生物による何という働きで非生物的環境へ放出されますか。

4. 非生物的環境の炭素を直接利用できない消費者は，どうやって自分のからだを構成したり代謝を行ったりする有機物を得ますか。

2 わからなければ 49 へ

5. タンパク質，炭水化物，アミノ酸，クロロフィル，ATP，DNA，脂肪のうち，窒素を含まない物質を2つ選びなさい。

6. 生産者が非生物的環境から硝酸イオンなどを吸収し，タンパク質などの有機窒素化合物を合成することを何といいますか。

7. 微生物が，大気中の窒素を取り込み，アンモニウムイオンをつくることを何といいますか。

8. マメ科植物の根に共生して[7]の働きをする細菌を何といいますか。

9. [7]とは逆に，土壌中の硝酸イオンなどの一部を気体の窒素にして大気中に放出する生物の働きを何といいますか。

10. [9]の働きを行う細菌を何といいますか。

3 わからなければ 50 へ

11. 生産者が吸収した光エネルギーは，光合成によりどのようなエネルギーに変換されますか。

12. 生物の体内の有機物の化学エネルギーは，呼吸により何という物質の化学エネルギーに変換されますか。

13. 生物が利用したエネルギーは最終的に生態系外に出て行きますが，どのようなエネルギーとして放出されますか。

14. 生態系での炭素や窒素の移動とエネルギーの移動の違いは何ですか。

> テストに出る図を確認！

1. 炭素とエネルギーの移動　わからなければ 48, 50 へ

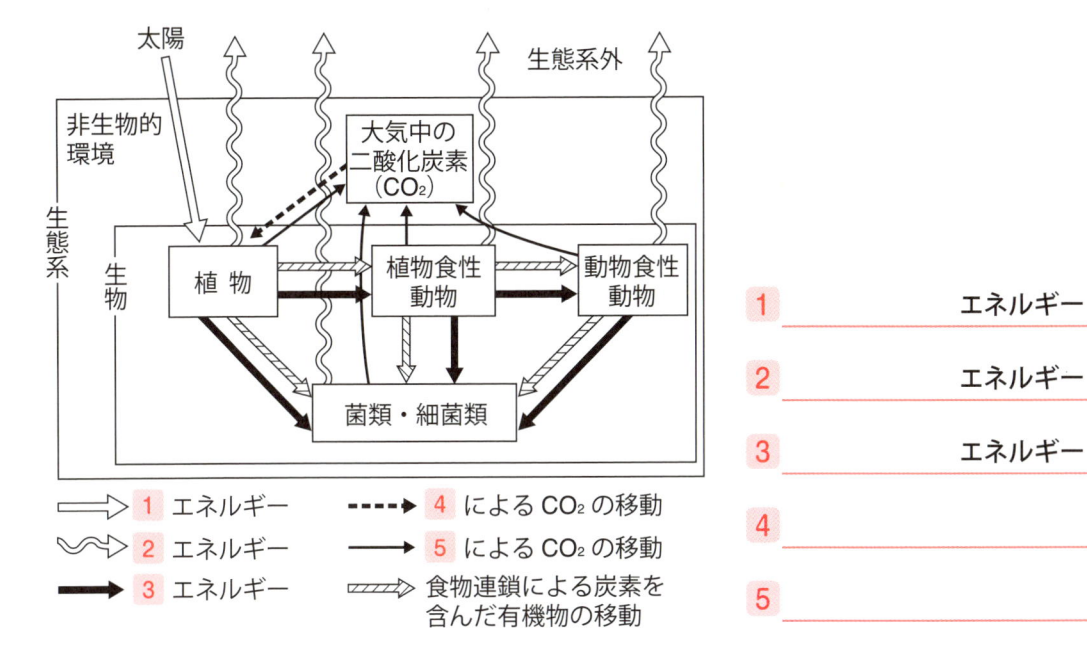

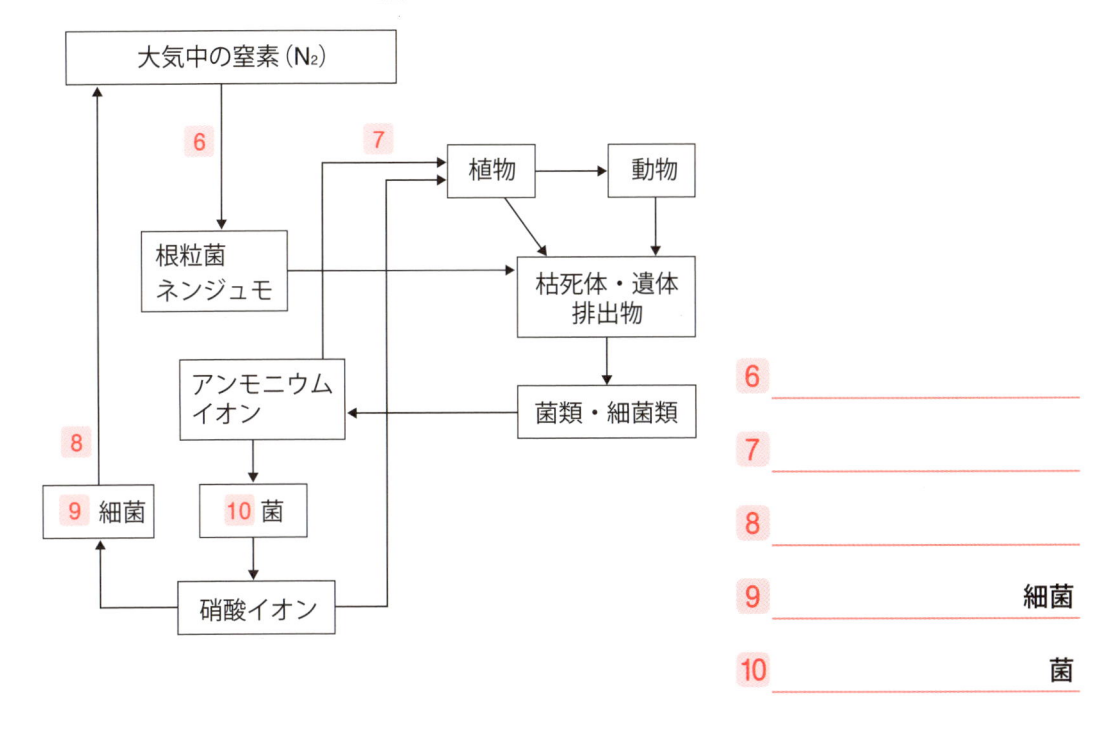

図中凡例：
- ⇒ 1 エネルギー
- 〜〜 2 エネルギー
- → 3 エネルギー
- ---▶ 4 による CO_2 の移動
- ─▶ 5 による CO_2 の移動
- ⇒(斜線) 食物連鎖による炭素を含んだ有機物の移動

1 _____ エネルギー
2 _____ エネルギー
3 _____ エネルギー
4 _____
5 _____

2. 窒素の循環　わからなければ 49 へ

6 _____
7 _____
8 _____
9 _____ 細菌
10 _____ 菌

第4章　生物の多様性と生態系

51 生態系のバランス

◎生態系のバランスと復元力

❶ 生態系内に生きる生物の種類や個体数は，気象条件や生物どうしの関係によって変動があっても，ほぼ一定の範囲内に保たれています。

❷ たとえば，カンジキウサギ（以下ウサギ）とオオヤマネコ（以下ヤマネコ）がいる生態系で右ページのグラフにあるウサギの個体数を見ると，大きく変動していますが，一定の範囲内におさまっています。

❸ このような**生態系のバランス**は，構成する生物の間や生物と非生物的環境との間に見られる多様で複雑な関係の上に保たれています。このウサギの個体数の例ではウサギが増えるとウサギを捕食するヤマネコも増えるため，ある範囲以上の増加が抑えられているといえます。捕食者が（狩猟などによって）いなくなった生態系で，草食動物（植物食性動物）が増えすぎて，食物となる植物を食べ尽くして絶滅してしまった例もあります。

❹ 生態系には**復元力**があり，台風，山火事，洪水などによる**かく乱**が起こっても，やがてもとの状態に戻ります。しかし，生態系の復元力を超えるかく乱が生じると，生態系のバランスがくずれ，かく乱以前とは異なる生態系になります。

> **重要ワード**
> **かく乱** 自然現象や人間の活動によって生態系が部分的に破壊されること。

❺ 熱帯多雨林のように，<u>生物の種類が多く複雑な食物網が見られる（多様性が高い）生態系ほど，バランスは保たれやすい</u>と考えられています。反対に，農耕地のように人為的につくられ，生物種が少なく食物網が単純である（多様性が低い）生態系ほど，バランスは崩れやすいと考えられています。
　　↳少雨で植物がほとんど枯れてしまったり，害虫の大発生で食べ尽くされるなど。

◎キーストーン種

❶ <u>生物量が少ないながら生態系のバランスに重要な役割を占めていて，その生態系からいなくなると大きな影響を及ぼす生物</u>を**キーストーン種**といいます。キーストーン種の多くは，栄養段階の上位の高次消費者にあたります。

❷ アラスカのある海域では，ラッコが毛皮をとるための狩猟などで極端に減少しました。すると，それまでラッコに食べられていたウニが急増し，生産者である海藻を食べ尽くしてしまい，その海域に生息する生物のほとんどが姿を消して単純な生態系になってしまったという例があります。この場合のラッコのような動物がキーストーン種です。

> **ポイント！**
> ★ **生態系のバランス**…**かく乱**などで生物の構成が変動しても一定範囲内に保たれる。生物の多様性が重要。
> ★ **復元力**を超える**大規模なかく乱**を受けた生態系は，もとには戻らない。

図解まとめ の答え　①増える　②減る　③かく乱

図解まとめ

生態系のバランス …ある種の個体数が変動しても生態系の相観が変わらない範囲でおさまる。

ウサギとヤマネコの個体数（カナダ）

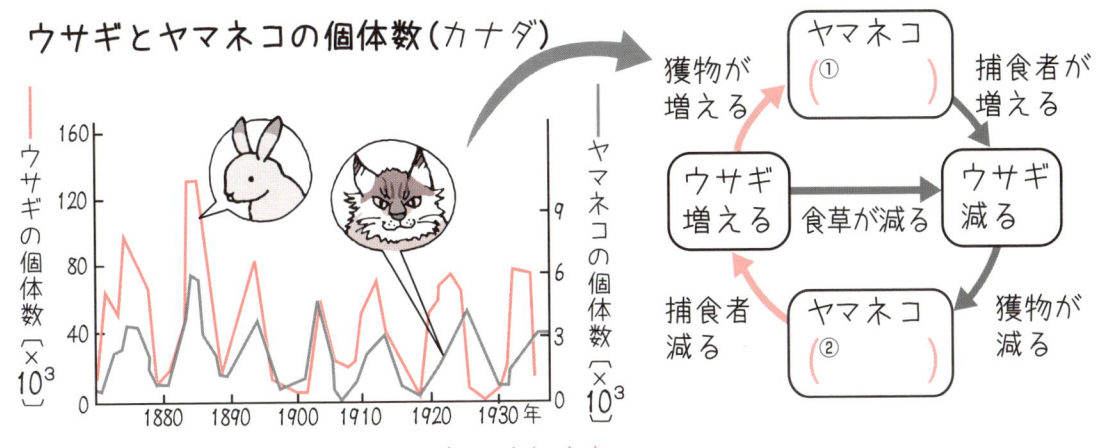

獲物が増える → ヤマネコ①（　　） → 捕食者が増える → ウサギ減る → 獲物が減る → ヤマネコ②（　　） → 捕食者減る → ウサギ増える → 食草が減る → ウサギ減る

生態系の復元力 …③（　　）が起こってももとの状態に戻る。
←部分的な破壊

台風や山火事，洪水などで生態系が一部破壊されてもやがてもとの状態に戻る。

キーストーン（要石）
外れるとアーチが崩れる。

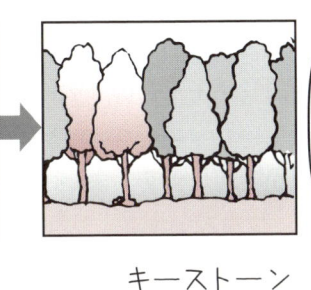

キーストーン種 …少ない生物量で生態系に大きな影響を与える種。

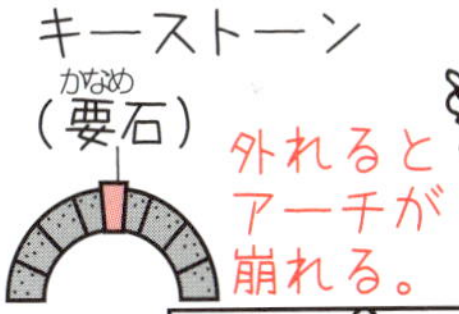

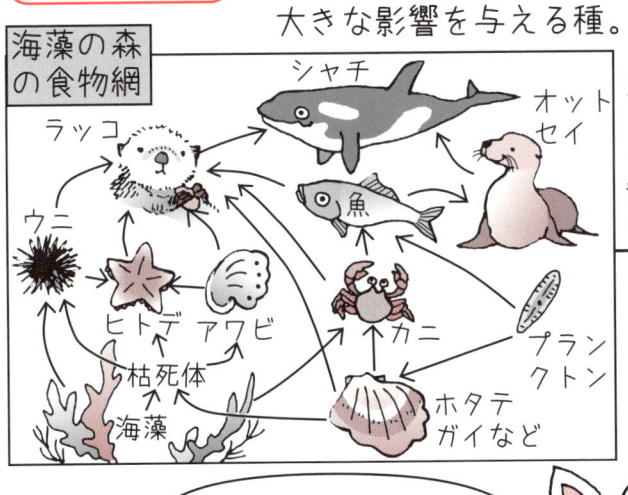

海藻の森の食物網：ラッコ，シャチ，オットセイ，魚，ウニ，ヒトデ，アワビ，カニ，プランクトン，ホタテガイなど，枯死体，海藻

毛皮をとるためラッコが乱獲される。
→ ウニが激増
→ 海藻が食べ尽くされ多くの生物が姿を消す。

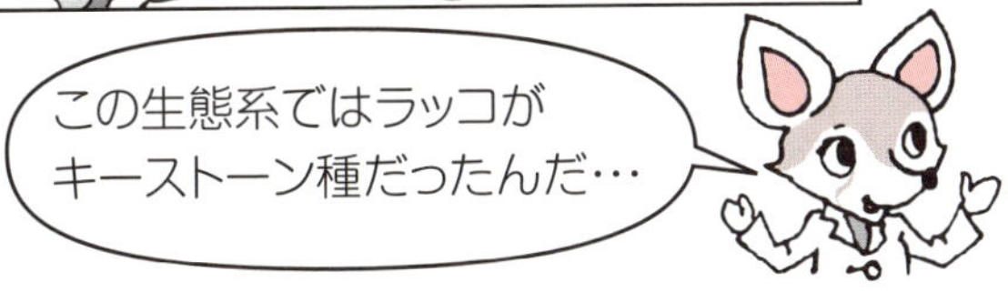

この生態系ではラッコがキーストーン種だったんだ…

第4章 生物の多様性と生態系

141

52 人間の活動による生態系への影響①

◎人間の活動による生態系への影響

　人間のさまざまな活動は、生態系のバランスを乱すことがあります。特に最近100年ほどの間に著しくその例が見られるようになり、人間の生活環境や健康にも被害を及ぼして国境を越える規模の問題になったり、地球規模での対策が必要となるものもあります。

　まず、このページでは、河川や海の水質に関する生態系のバランスと、人間活動の影響について紹介します。

◎自然浄化

❶ 有機物を含んだ汚水が、河川、湖沼、海に流入したとしても、少量であれば希釈されたり、細菌など微生物のはたらきにより分解され、清浄な水に戻すことができます。このような現象を**自然浄化**といい、次のような段階を経て起こります。

❷ 有機物を含んだ汚水が河川に流入したとき、その**有機物を分解する細菌が増殖**します。細菌が有機物を分解した結果、**無機塩類**が生じます。

❸ 細菌が増えることで少し下流では、**細菌を食べる原生生物が増加**します。また、有機物の分解や、細菌や原生生物の呼吸により、**酸素が減少**します。
（ゾウリムシなど単細胞生物）

❹ 汚水に含まれていたり細菌の働きによって生じた無機塩類は窒素同化の材料になるので、下流では**藻類が増加**します。藻類が増えることで、光合成により**酸素が再び増加**します。
（植物より単純な構造の光合成生物）

❺ 自然浄化の限度を超える量の有機物が流入したときは、分解（呼吸）に必要な酸素が不足したり、完全に分解されなかった有機物が悪臭を放つなどの水質の悪化が起こります。

◎富栄養化

❶ **窒素**や**リン**は植物の栄養分として特に重要な元素で、この2元素の水中濃度が高くなることを**富栄養化**といい、藻類や水生植物の生育に大きな影響を与えます。

　[解説] 具体的には、富栄養化は硝酸塩やリン酸塩などの栄養塩類（p.114）の流入によって起こります。これらは、水中では硝酸イオン（NO_3^-）やリン酸イオン（PO_4^{3-}）などの状態で存在します。

❷ 窒素やリンなどを豊富に含む生活排水や農地から流出した肥料が河川や海に流入すると、**富栄養化により植物プランクトンが異常増殖して水面をおおう**ことがあります。このような状態が**湖沼で起こると水の華**（アオコ）といい、**海で起こると赤潮**といいます。

　[解説] 水の華や赤潮が起こると、プランクトンの死骸が分解される際に多量に酸素が消費されて水中が酸欠状態になります。また、さらにプランクトン自体が毒素を出したり、魚のえらに付着して窒息死させるなど、生態系に大きな影響を与えます。

ポイント！
★ **自然浄化**…有機物流入→細菌→原生生物→藻類の順で増殖、酸素も回復。
★ **富栄養化**…窒素,リンの増加。→植物プランクトン異常増殖（赤潮,水の華）

図解まとめ の答え　①細菌　②藻類　③酸素　④富栄養化　⑤窒素　⑥植物プランクトン

図解まとめ

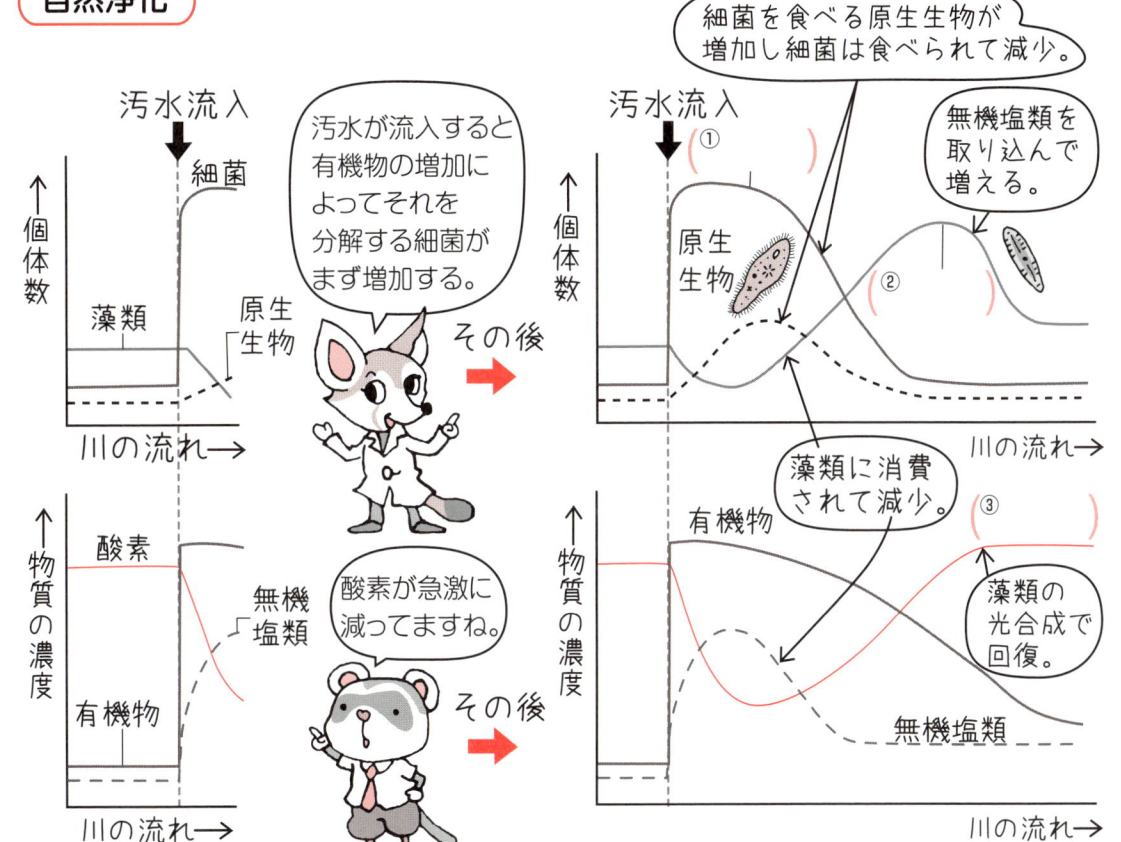

自然浄化

汚水流入

汚水が流入すると有機物の増加によってそれを分解する細菌がまず増加する。

その後 →

細菌を食べる原生生物が増加し細菌は食べられて減少。

無機塩類を取り込んで増える。

① ( )
② ( )

藻類に消費されて減少。

酸素が急激に減ってますね。

その後 →

③ ( )

藻類の光合成で回復。

④ ( )…水中の⑤ ( )やリンの濃度が高くなること。
↑ 植物の増殖や成長に必須の元素。

これらの栄養分（**栄養塩類**）が少ない湖（**貧栄養湖**）より豊富な湖（**富栄養湖**）のほうが生物量の豊富な生態系になる。

人間社会からの排水によって栄養塩類が過剰になると、⑥ ( ) が異常に増殖し**水の華**（アオコ）や**赤潮**が起こる。

植物プランクトンが増えて光合成をするのに、酸素が不足するんですか？

プランクトンの死骸が分解されるとき大量の酸素が消費されるんだ。

水の華　赤潮
魚のえらにつまる。
毒素を出す。

53 人間の活動による生態系への影響②

◎生物濃縮

❶ <u>生物の体内で，ある物質の濃度が周囲の環境より高くなること</u>を<u>生物濃縮</u>といいます。生物濃縮は，水銀などの重金属や，DDTやPCBのように<u>体内で分解されにくく，体外に排出されにくい物質</u>を取り込むことで起こります。

> [解説] DDTとPCBはいずれも有機塩素化合物で，DDTは安価な殺虫剤として20世紀半ばに広く使用され，PCBは絶縁油や有機溶剤などに用いられました。

❷ また，そのような物質を蓄積した生物をくり返し食べることで，食物連鎖を通じて<u>栄養段階が高い生物（高次消費者）ほど高濃度の蓄積が起こります</u>。そのため環境中の濃度がきわめて低くても，生物に重大な影響を及ぼすことがあります。

> 生物濃縮が起こりやすい物質は，工業的につくられ自然界に存在しない物質（生物がそれを分解する酵素をもたない）や，水に溶けにくく油に溶けやすい物質（体液の循環を通じての排出がしにくく体内の脂肪に蓄積する）などです。

> [解説] たとえばDDTの生物濃縮が起こった湖では，生息する水鳥の卵の殻がもろくなり繁殖できなくなりました。PCBは発がん性などの毒性をもち，日本では1974年までに製造・使用・輸入が禁止されました。

◎地球温暖化

❶ 大気のない月では，地表の日光の当たる所は100℃以上，日陰では−150℃以下にもなりますが，大気のある地球上では温度変化の幅は小さく抑えられています。

❷ 地球を取り巻く大気は，<u>地表から放射される赤外線を吸収し，再び地球に放射しています</u>。そのため，地球上の温度は高く保たれます。これを<u>温室効果</u>といい，特に温室効果の高い<u>二酸化炭素</u>，<u>メタン</u>，フロンなどは<u>温室効果ガス</u>といわれています。

❸ 18世紀半ばにイギリスで始まった産業革命以降，<u>化石燃料の燃焼や森林の減少</u>などによって二酸化炭素濃度が増加しており，これによって<u>地球温暖化</u>が進んでいると考えられています。

❹ 地球温暖化が進むと海水の膨張による<u>海水面の上昇</u>が起こり，人間の居住地や多くの動物の生息地となっている沿岸部や島が水没するおそれがあると考えられています。また，気温の上昇による<u>環境の変化に適応できない生物の絶滅</u>が懸念されています。

> 1997年，<u>地球温暖化防止のための京都会議</u>で，各国の二酸化炭素排出量の削減目標が定められました。

ポイント！

★ <u>生物濃縮</u>…有害物質（PCB，DDTなど）が体内に蓄積。食物連鎖を通じて栄養段階が高い生物ほど高濃度に蓄積する。

★ <u>地球温暖化</u>…大気中の<u>温室効果ガス</u>（<u>二酸化炭素</u>，メタン，フロン）濃度の上昇により平均気温上昇。海水面上昇のおそれ。

図解まとめ の答え　①生物濃縮　②高次　③温室効果　④二酸化炭素

図解まとめ

(①) … ある物質が生物体内に蓄積されて体外の濃度より高くなること。

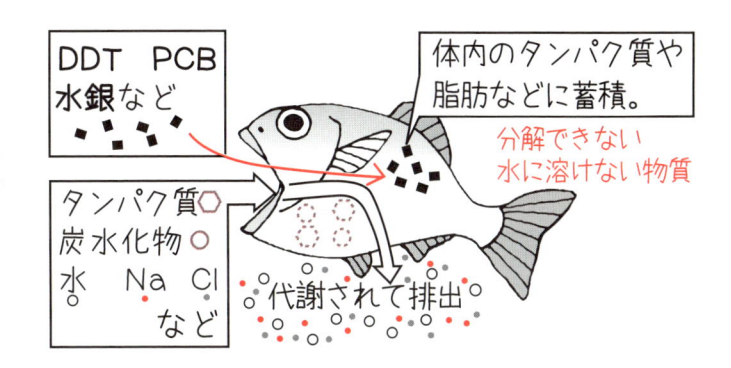

DDT　PCB　水銀など

体内のタンパク質や脂肪などに蓄積。
分解できない　水に溶けない物質

タンパク質　炭水化物　水　Na　Cl　など
代謝されて排出

食物連鎖によって生物濃縮がくり返され（ ② ）消費者ほど高濃度に。
（アメリカ　ロングアイランドの湾）

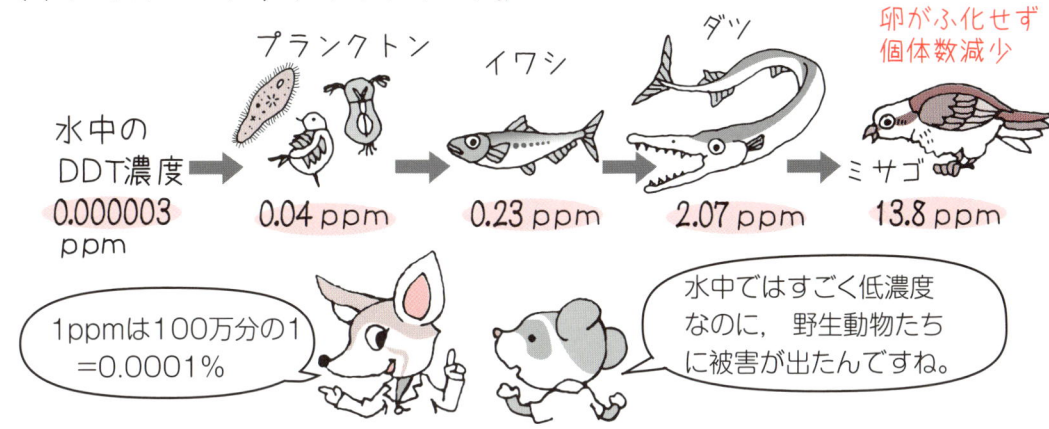

水中のDDT濃度　0.000003 ppm
→ プランクトン　0.04 ppm
→ イワシ　0.23 ppm
→ ダツ　2.07 ppm
→ ミサゴ　13.8 ppm
卵がふ化せず個体数減少

1ppmは100万分の1 = 0.0001%

水中ではすごく低濃度なのに，野生動物たちに被害が出たんですね。

地球の温暖化

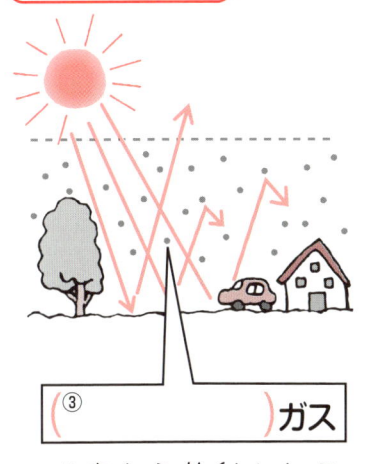

大気中の（ ④ ）濃度の変化（ハワイ）
植物の光合成速度の季節的変動によってジグザグになる。

世界の平均気温の変化
1960～1990年の30年間の平均値

(③)ガス
地表から放射される赤外線（熱）の一部を再び地表に戻す。
CO_2，メタン，フロンなど。

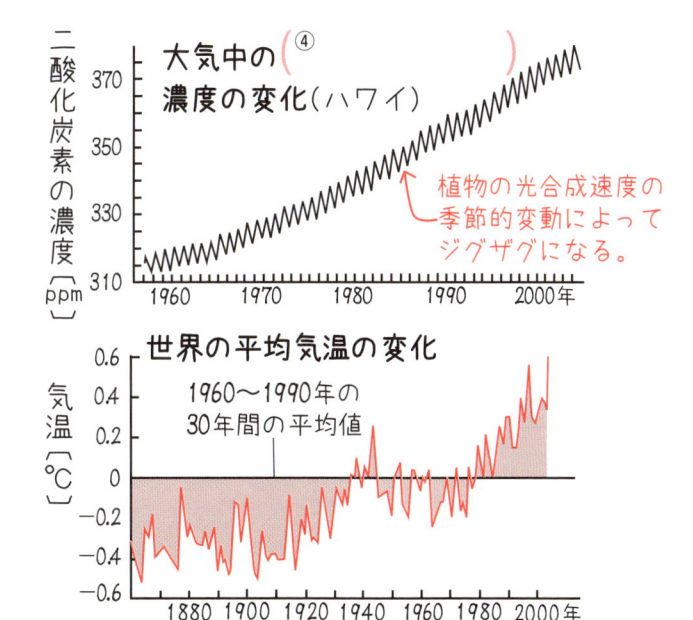

気温上昇⇨海水面上昇，環境変化に適応できない生物の死滅。

第4章　生物の多様性と生態系

54 人間の活動による生態系への影響③

◎オゾン層の破壊

❶ **オゾン層**は地上から25km付近にあるオゾン（O₃）濃度の高い層で，太陽からの有害な紫外線を吸収して地球上の生物を保護しています。

❷ **フロン**は非常に安定した物質で，冷蔵庫やクーラーの冷媒やスプレーの噴射剤などに広く使われていました。

❸ しかし大気中に放出されたフロンが拡散して上空に達すると，紫外線により分解されて塩素（Cl）を生じ，この塩素が急速に**オゾンを分解**することがわかりました。

❹ オゾン層の中で，オゾンが破壊されて極端に少なくなった部分を**オゾンホール**といいます。オゾンホールはおもに南極の上空で8～9月（南半球の冬から春にあたる）に見られます。

❺ オゾン層が破壊されると，地上に降り注ぐ**紫外線**の量が増加します。紫外線は，DNAに損傷を与え，皮膚がんや白内障の原因となります。

> **重要ワード**
> **オゾン** 酸素原子が3つ結合した物質で，空気中で放電火花などが起こると合成される。

> オゾンは酸化力が強く，じつは人体に有害。古いコピー機の近くでこげ臭く感じたら，それはオゾンが発生して鼻の粘膜が傷つけられているのです。

解説 フロンにはいろいろな種類がありますが，オゾン層破壊の影響の大きいものから国際的に製造・使用が禁止・規制されています。

◎酸性雨

❶ 化石燃料を燃焼させた工場の排煙や自動車の排気ガスなどには，**窒素酸化物**や**硫黄酸化物**が含まれています。窒素酸化物や硫黄酸化物が上空で水や酸素と反応して**硝酸**や**硫酸**となり，これが水滴に溶けて強い酸性を示すようになった雨や霧が，**酸性雨**および**酸性霧**です。

❷ 酸性雨は，水質や土壌を酸性化させ，それにより**魚類の死滅**や**森林が枯れる**など，生態系に深刻な影響を与えると考えられています。コンクリートやブロンズ像などの建造物や文化財が損傷を受けることもあります。

> **重要ワード**
> **酸性雨** 通常，雨は大気中の二酸化炭素が溶けて弱酸性に傾いているので，pH5.6以下の雨を酸性雨とよびます。

ポイント！
★ **フロン**による**オゾン層**の破壊（**オゾンホール**）➡**紫外線**の増加➡DNAの損傷…**皮膚がん**や**白内障**の増加
★ **酸性雨**…化石燃料の燃焼で生じる**窒素酸化物**，**硫黄酸化物**が原因。

図解まとめ の答え ①フロン ②オゾン ③オゾンホール ④紫外線 ⑤硫黄酸化物 ⑥硝酸 ⑦酸性雨

図解まとめ

オゾン層の破壊

冷蔵庫の冷媒やスプレーなどに使われていた（ ① ）が大気中に拡散。

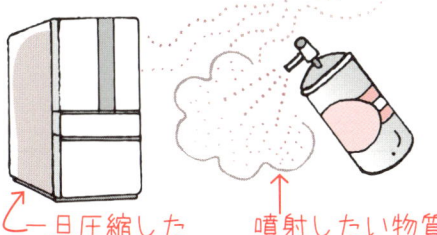

― 一旦圧縮した気体を減圧すると温度が下がる現象を冷却に利用。

噴射したい物質に影響を与えないので広く使われた。

オゾン層に達すると紫外線によって分解され塩素原子（Cl）を放出。

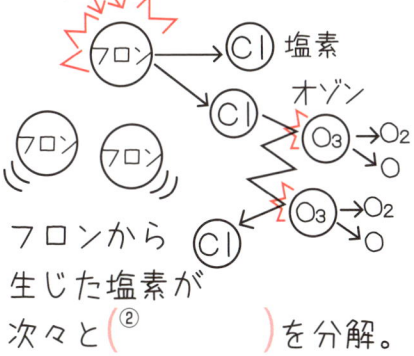

フロン → Cl 塩素
オゾン O_3 → O_2 + O

フロンから生じた塩素が次々と（ ② ）を分解。

オゾン層

オゾン層のオゾンが非常に減少した部分が（ ③ ）。

地表に達する（ ④ ）が増加し**皮膚がんや白内障**の原因に。

酸性雨

化石燃料を燃焼させた工場の排煙や自動車の排気ガスに**窒素酸化物**や（ ⑤ ）が含まれている。

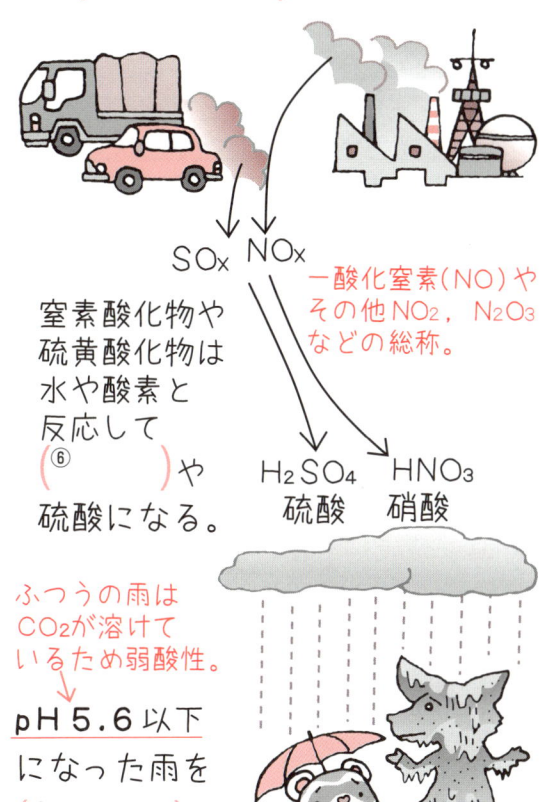

SOx　NOx

一酸化窒素（NO）やその他 NO_2、N_2O_3 などの総称。

窒素酸化物や硫黄酸化物は水や酸素と反応して（ ⑥ ）や硫酸になる。

H_2SO_4 硫酸　　HNO_3 硝酸

ふつうの雨は CO_2 が溶けているため弱酸性。

pH5.6以下になった雨を（ ⑦ ）という。

湖沼にすむ稚魚は酸性に弱いものが多い。

コンクリートやブロンズ像の表面が溶ける。

酸性雨つらら

ドイツなど酸性雨によって樹木が枯れた地域があると考えられている。

第4章　生物の多様性と生態系

確認テスト 19

合格点：15問／24問

解答→別冊 p.14〜15

テストに出る用語を確認！

1 わからなければ 51 へ

1. かく乱を受けた生態系が遷移してもとの状態を回復する働きを何力といいますか。
2. 生態系からいなくなると生態系のバランスが崩れ，不可逆な変化が生じてしまう，現在の生態系の維持に重要な種を何といいますか。

2 わからなければ 52 へ

3. 有機物を含む汚水が流入した河川などの水が，微生物による分解の働きで清浄な水に戻ることを何といいますか。
4. 窒素やリンを含んだ物質が海や湖などに蓄積し，これらの濃度が高くなることを何といいますか。
5. 4 が原因となって，植物プランクトンが湖沼の水面を青緑色におおうほど異常増殖する現象を何といいますか。

3 わからなければ 53 へ

6. ある物質が生物の体内に蓄積されて，体内の濃度が周囲の環境における濃度よりも高くなることを何といいますか。
7. 6 の現象における低次の消費者と高次の消費者のちがいを簡単に書きなさい。
8. 地表から放射される赤外線を吸収し，再び地球に放射する性質をもつ気体を何といいますか。
9. 8 のうち，産業革命以降，石油や石炭の使用によって大気中の濃度が急激に上昇した気体は何ですか。
10. 石油や石炭など，太古の生物由来とされる燃料を何といいますか。

4 わからなければ 54 へ

11. かつて冷蔵庫の冷媒などに使われ，大気中に放出されたものがオゾン層を破壊している物質は何ですか。
12. 上空でオゾン層のオゾンが破壊され極端に少なくなった部分を何といいますか。
13. オゾン層の破壊により地上に降り注ぐ量が増加し，皮膚がんや白内障などの原因となるものは何ですか。
14. 化石燃料の燃焼により生じ，酸性雨の原因となるものは何ですか。2つあげなさい。

テストに出る図を確認！

1. 人間活動によって放出される物質の生態系への影響 ← わからなければ 52 ～ 54 へ

人間の活動によって生じた物質	影　響	結果として起こる現象
排水中に含まれる 1 ，リン	湖沼や海の 2 →プランクトンの異常増殖	湖沼…水の華（アオコ） 海…赤潮
化石燃料の大量燃焼により発生する 3 の濃度上昇	地球の 4	海水面の上昇 異常気象
化石燃料の燃焼により排出される窒素酸化物や 5	6 ，酸性霧	土壌，水質の酸性化 水生生物や樹木への害
生物の体内で分解・排出されにくい物質（PCB，DDT，水銀）の生態系への流出	生物体内への蓄積（ 7 ）	食物連鎖を通じて高次消費者ほど高濃度で蓄積。
冷媒やスプレーの噴射剤などで広く使われた物質 8	上空約25kmにある 9 の破壊	地表に到達する 10 が増加。白内障や皮膚がんの増加。

1 _____　2 _____　3 _____
4 _____　5 _____　6 _____
7 _____　8 _____　9 _____
10 _____

55 生物多様性の保全 ①

◎生物多様性の価値

❶ 地球上には現在まで名前がついている生物だけでも 180 万種を超える膨大な種類の生物が生息しています。このような **生物の多様性** は，約 40 億年にも及ぶ進化の結果です。

❷ **多様な生物が，互いにかかわり合いながら生きていることで生態系のバランスが保たれています。** そのため，**生物の多様性を保全することは，生態系を保全することにつながります。**

❸ 生物の多くは，**食物，燃料，衣料，医薬品**などの原料として古くから利用されてきました。また，熱帯多雨林は特に膨大な種が生息するため，医薬品などの開発に役立つ物質や遺伝子をもつ生物の発見が期待されています。

> 私たち人間は，食物や水，酸素，産業の原料や生活環境など，生態系からさまざまな恩恵を受けて生きています。これらの恩恵は **生態系サービス** とよばれています。

このため熱帯林は遺伝子バンクともよばれます。

❹ 生物多様性の高い森林は保水性が高く，洪水など **自然災害を防ぐ** 働きがあります。また，**干潟** は，水質浄化や，渡り鳥や魚類の食物供給の場として重要性が見直されています。

　[解説] 干潟や湿地の保全に関する国際条約として **ラムサール条約**（1971 年締結）があります。

❺ 熱帯多雨林のように生物多様性の高い生態系を保全するだけでなく，極地や砂漠など多様性が低い生態系も保全することが重要です。また，**里山** のように人間が関与することで維持される生態系もあります。

　[解説] さまざまな **種** の生物が生息する多様性のほか，さまざまな **生態系** が存在する多様性，そして，同じ種のなかでも **遺伝的** な多様性が保たれることが大切です。

◎生物種の絶滅

❶ 人間による乱獲や生態系の破壊（森林伐採や埋め立て，水質汚染など）によって，毎年数多くの生物が絶滅しています。絶滅の危機にある生物を **絶滅危惧種** とよびます。

❷ 絶滅危惧種を保護するため，日本でも環境省や各都道府県などでそれぞれ調査が行われ，**レッドリスト** や **レッドデータブック** がまとめられています。

❸ 人間の活動による絶滅を防ぐため，**ワシントン条約** で指定された動物の国際取引を禁じたり，**種の保存法** で指定された生物の取引禁止や保護区指定などが行われています。

> **重要ワード**
>
> **レッドリスト** 絶滅危惧種について絶滅の危険性の高さを判定して分類したリスト。
>
> **レッドデータブック** レッドリストの生物について分布や生息状況などを加え，より具体的に記載した本。

ポイント！
★ **生物の多様性**…資源としてや防災上の価値。生態系の多様性も重要。
★ **絶滅危惧種** の保護…レッドデータブック，ワシントン条約，種の保存法

図解まとめ の答え　① 絶滅危惧種　② レッドデータ

図解まとめ

生物多様性の価値

多様な種の生物がいるから生態系のバランスが保たれる。

同じ種の中でも**遺伝的に多様な**個体がいることで環境が変化しても種が存続できる（絶滅を免れる）。

さまざまな生態系があることで私たち人間は多様な恩恵を受けている。

生態系からの恩恵（**生態系サービス**）
- 資源…食物　水　木材　繊維　医薬品
- 生活環境…酸素　土壌　水質　気温　湿度　災害軽減
- 文化…美しい風景　レクリエーション

干潟…<u>水質浄化</u>と鳥や魚の食物供給の場として重要な役割。

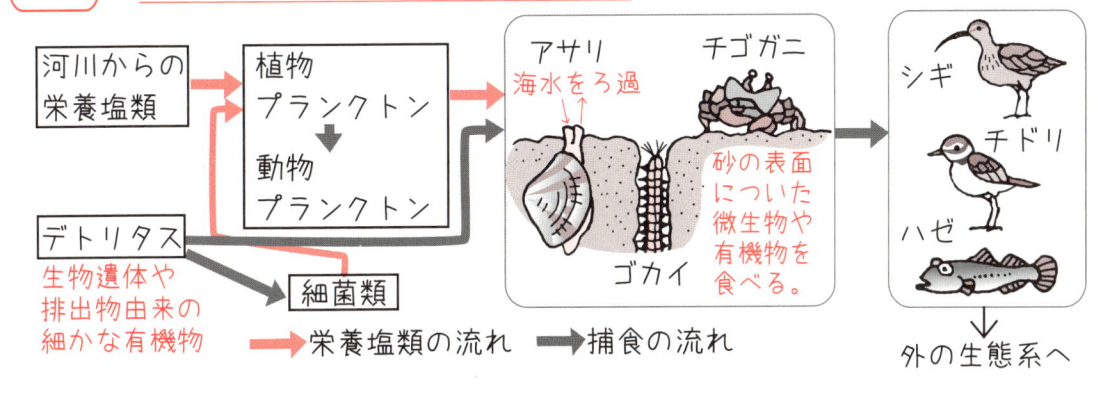

河川からの栄養塩類 → 植物プランクトン → 動物プランクトン

デトリタス（生物遺体や排出物由来の細かな有機物）→ 細菌類

アサリ（海水をろ過）、チゴガニ、ゴカイ：砂の表面についた微生物や有機物を食べる。

→ シギ、チドリ、ハゼ → 外の生態系へ

→ 栄養塩類の流れ　→ 捕食の流れ

里山…<u>人間が関与することで維持される生態系</u>の1つ。

間伐，たきぎ拾い（木材，燃料）
下草刈り，落ち葉集め（肥料）
→ 林床が明るく保たれて陽樹林が維持される。

(林床が暗い)極相林では生育できないたくさんの植物や，それを食べる昆虫などが生きている。

（ ① 　　　　）…絶滅が危ぶまれる種。

（ ② 　　　　）ブック…環境省のほか都道府県などでも作成。

ワシントン条約…国際取引を規制。

種の保存法…レッドデータやワシントン条約をもとに希少動植物を指定し，取引や保護区の開発を禁止。

日本のコウノトリは絶滅危惧種IA類

第4章　生物の多様性と生態系

56 生物多様性の保全②

◎外来生物の侵入とその問題

❶ 人間の活動によって本来生息していなかった地域にもち込まれ，定着した生物を**外来生物**といいます。それに対して，もともと分布していた生物を**在来生物**（**在来種**）といいます。国内でも他の分布していない地域に移されれば外来生物になります。

❷ 外来生物の移入は，ペット，食用などを目的とした養殖，害獣駆除のように意図的な場合と，種子，卵・幼体などが物資に紛れて来るような非意図的な場合があります。

　例　ペット…アライグマ，食用…ウシガエル，害獣駆除…ジャワマングース（ハブ駆除），
　　　毛皮用…ヌートリア，貨物混入…セイタカアワダチソウ

❸ **捕食者として強力で繁殖力が強い外来生物**は在来生物の生存を脅かします。たとえば，釣りの対象魚として**オオクチバス**（ブラックバス）が移入された湖沼では，在来種の魚やエビなどの個体数が激減してしまう問題が起こっています。

❹ **在来生物とそれに近縁な外来生物が交雑することで，遺伝的に純粋な在来生物がいなくなる**という問題も起こります（遺伝子かく乱といいます）。たとえば，青森県や和歌山県では外来生物であるタイワンザルと在来種のニホンザルの交雑が問題になりました。

　解説　交雑とは，異なる生物どうしが交配して雑種個体を生じることをいいます。

❺ 外来生物のうち，生態系を損ねたり，人や農林水産業に被害を与える生物，またはその恐れのある生物は環境省によって**特定外来生物**に指定されています。特定外来生物は，**外来生物法**により，売買や飼育・栽培，生体の移動や保管が禁止され，分布の拡大防止の対策が取られています。

　　　　　　　　　　　　　　　　　　　　　　　植物も対象。
　例　アライグマ，オオクチバス，ウシガエル，ジャワマングース，オオキンケイギク

◎森林の減少

❶ 森林は多種多様の植物や動物が生息し，生物の多様性が高い生態系です。その森林の減少は植物だけでなく動物の生息場所も奪い，多くの生物が絶滅の危険に直面します。特に熱帯林は**過度の伐採**，**焼畑**農業，過放牧により世界的に著しく減少しています。雨で土壌が流出して一度失われた森林の回復は困難です。

❷ また，森林は二酸化炭素を吸収し地球温暖化を防ぐ役割も担っています。

　解説　極相林では呼吸速度と光合成速度が同じになり，新たに CO_2 を吸収する働きはなくなりますが，森林が伐採されると大量の CO_2 が放出されます。

ポイント！
- ★ **外来生物**…人間の活動によって分布域外にもち込まれ定着した生物。
- ★ **特定外来生物**…生態系を損ねたり人や産業に被害を与える外来生物。
- ★ **森林の減少**…**伐採**，**焼畑**が大きな原因。多様な生物が姿を消す。

図解まとめ　の答え　①在来生物（在来種）　②特定外来生物　③焼畑

図解まとめ

外来生物…人為的に本来生息していなかった地域にもち込まれ定着した生物。もともとその場所に生息している生物は（① 　　　　）。

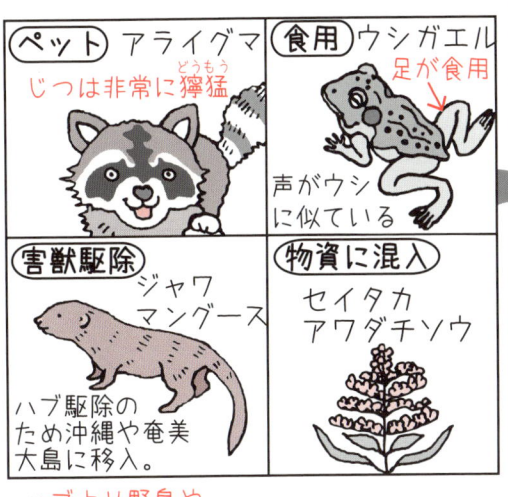

ペット アライグマ
じつは非常に獰猛

食用 ウシガエル
足が食用
声がウシに似ている

害獣駆除 ジャワマングース
ハブ駆除のため沖縄や奄美大島に移入。
ハブより野鳥や小形哺乳類などを捕食。

物資に混入 セイタカアワダチソウ

国内でもその場所に生息していない種がもち込まれればそれは外来生物。

シロツメクサやモンシロチョウももとは外来生物なんだ。日本では国外からの外来生物は明治時代以降に区切っているよ。

川や池にコイを放すのも外来生物のもち込みになり得るんだ‥。

（② 　　　　　　　）…**外来生物法**により指定された，生態系や人体・農林水産業などに大きな影響を及ぼす，または及ぼす可能性のある生物。アライグマ，ウシガエル，ジャワマングースも含まれる。

特定外来生物 オオクチバス
一般にブラックバスとよばれる。
ルアーフィッシングの対象として各地に放流される。タナゴやモツゴなど在来の小形魚や稚魚，甲殻類や水生昆虫などを活発に捕食。繁殖力も強い。

特定外来生物 オオキンケイギク
コスモスに似ているが夏に黄色い花を咲かせる。 
緑化や観賞用として北米から移入。繁殖力が強すぎて在来種の野草の生育場所を奪い，生態系が単純化してしまう。

森林の減少…特に**熱帯林**の減少が著しい。

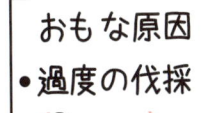

おもな原因
・過度の伐採
・（③ 　　　）農業

森林を燃やした灰や炭を肥料として畑作を行う。

先住の人たちは森林が回復できる規模で移動しながら焼畑を行っていたけど，今は焼畑の後，放牧地に変えてしまう。

影響
・乾燥化→砂漠化
・生息していた多様な生物たちが絶滅の危機に追い込まれる。
・二酸化炭素の増加・温暖化

第4章 生物の多様性と生態系

153

確認テスト 20

合格点：13問／21問

解答→別冊 p.15

テストに出る**用語を確認！**

1 わからなければ 55 へ

1. 満潮時には水没する砂泥地で，渡り鳥の食物の供給や水質の浄化の場となっている生態系を何といいますか。

2. 人間の居住地と雑木林，農地が密接に関係し，人間が生活に利用することで維持されている生態系を何といいますか。

3. 人間の活動による乱獲や生態系の破壊などによって絶滅の危機にある生物を何といいますか。

4. 4 について，絶滅の危険性の高さを判定して分類したリストを何といいますか。

5. 絶滅の危険性の高い動物の国際取引を禁じたり規制した条約を何といいますか。

6. 絶滅の恐れのある生物の取引の禁止や保護区の指定を定めた日本の法律を何といいますか。

2 わからなければ 56 へ

7. 人間の活動により，本来生息していない地域にもち込まれ，定着した生物を何といいますか。

8. 7 に対して，もともとその地域に分布していた生物を何といいますか。

9. 生態系のバランスを崩したり，ヒトや農林水産業に被害を与える恐れがあるとして環境省に指定された 7 の生物を何といいますか。

10. オオクチバス（ブラックバス）は強力な捕食者で繁殖力の強い外来生物ですが，この魚は在来生物にどのような影響を及ぼしますか。

11. 在来生物とその近縁の外来生物との間で交雑が行われることは生物の多様性の観点で考えてよいことですか，望ましくないことですか。

12. 世界の森林の面積が減少するおもな原因を2つあげなさい。

1. 人間活動と生物多様性への影響　◀わからなければ 55, 56 へ

キーワード	原因	影響	対策
絶滅危惧種	生態系の破壊 人間による乱獲	生物の絶滅	①　条約による国際取引の規制 ②　法による保護区指定，開発・取引の規制 ③　リスト，④　ブックの作成とこれらに基づく保護
⑤　生物	人為的な生物の移動	在来生物の生息場所や食物（生活資源）を奪う 人体・農林水産業への被害	⑥　法による⑦　生物の指定とその動植物の移動や栽培・飼育の規制
森林の減少	過度の伐採 ⑧　農業 過放牧	乾燥化・砂漠化 他種類の生物の減少や絶滅 温暖化	植樹 持続可能な管理
干潟の減少	埋め立て 干拓	水質を⑨　する機能が損なわれ海が富栄養化する 干潟固有の生物の絶滅 渡り鳥や魚類のえさ場喪失	ラムサール条約（渡り鳥のための干潟や湿地の保全に関する条約）

1 _____ 条約　　2 _____ 法　　3 _____ リスト
4 _____ ブック　5 _____ 生物　6 _____ 法
7 _____ 生物　　8 _____ 農業　9 _____

さくいん

赤字は中心的に説明しているページ。
「図解まとめ」内の用語は原則左の解説ページにも載っているため、このさくいんでは、原則、解説ページの数字を掲載しています。

a

A	32
ABO式血液型	104
ADP	18
AIDS	102
ATP	18,24,26,134
ATP合成酵素	38
A細胞	80,86,88
B細胞（すい臓）	80,86,88
B細胞（リンパ球）	98,100
C	32
DDT	144
DNA	32,34,38,44,134
DNA合成期	44
DNA合成準備期	44
G	32
G_1期	44
G_2期	44
HIV	102
M期	44
mRNA	40
MRSA	102
PCB	144
RNA	40,134
S期	44
T	32
T細胞	98
μm	6

あ

アオコ	142
赤潮	142
亜寒帯	120
アクチン	38
亜高山帯	122
亜高木層	108,112
アスパラギン	38
アデニン	18,32,34,40
アデノシン三リン酸	18
アデノシン二リン酸	18
アドレナリン	80,88
アナフィラキシー	102
亜熱帯多雨林	120,122
アミノ酸	38
アミラーゼ	20,38
アミロース	20
アルギニン	38
アルブミン	70
アレルギー	102
アレルゲン	102
アントシアン	8
アンモニア	60,70
アンモニウムイオン	134
異化	18
移植細胞	98
Ⅰ型糖尿病	103
一次応答	100
一次消費者	126,128
一次遷移	114,116
遺伝子	48
遺伝子かく乱	152
遺伝情報	32,38,44,46,48
遺伝子領域	49
イヌリン	75
陰樹	112
陰樹林	116
インスリン	38,80,86,88
陰生植物	112
インフルエンザ	104
陰葉	112
ウィルキンス	34
ウイルス	94,98
右心室	56,60
右心房	56,60
ウラシル	40
雨緑樹林	120
エイズ	102
栄養塩類	114,142
栄養段階	128,144
液胞	8
エネルギーの流れ	136
塩基	32,34
塩基対	34
塩基配列	32,38,40,48
塩素	146
凹面鏡	12
オゾン	146
オゾン層	146
オゾンホール	146
お花畑	122
温室効果	144
温室効果ガス	144
温帯草原	120

か

外呼吸	26
階層構造	108
外分泌腺	80
外来生物	152
外来生物法	152
化学エネルギー	18,24,136
化学的防御	94
核	8
核酸	134
角質層	94
獲得免疫	92,98,100
かく乱	140
化石燃料	132
過放牧	152
夏緑樹林	120,122
間期	44
環境形成作用	126
がん細胞	98
肝静脈	70
関節リウマチ	102
肝臓	60,70,86,88
肝動脈	70
間脳	78,82
肝門脈	70
キーストーン種	140
記憶細胞	98,100
ギャップ	116
丘陵帯	122

156

共生説 ……………………… 28	高血糖 ……………………… 86,88	細胞内共生説 ……………… 28
胸腺 ………………………… 98	抗原 ………………………… 98	細胞分裂 …………………… 44,46
極相 ………………………… 116	荒原 ………………………… 108,120	細胞壁 ……………………… 8
極相樹種 …………………… 116	抗原抗体反応 ……………… 100,104	細胞膜 ……………………… 8
拒絶反応 …………………… 104	抗原提示 …………………… 98,100	在来生物 …………………… 152
キラーT細胞 ……………… 98,104	光合成 ……………………… 18,24,110	酢酸オルセイン …………… 8
菌類 ………………………… 126,136	光合成速度 ………………… 110,112	酢酸カーミン ……………… 8
グアニン …………………… 32,34,40	交雑 ………………………… 152	左心室 ……………………… 56,60
食う食われるの関係 ……… 128	高山草原 …………………… 122	左心房 ……………………… 56,60
グリコーゲン ……………… 70,86,88	高山帯 ……………………… 122	里山 ………………………… 150
グリシン …………………… 39	高次消費者 ………………… 126,128,144	砂漠 ………………………… 120
クリスタリン ……………… 46	鉱質コルチコイド ………… 80	サバンナ …………………… 120
クリック …………………… 34	恒常性 ……………………… 52	作用 ………………………… 126
グルカゴン ………………… 80,86,88	甲状腺 ……………………… 80,82	三次消費者 ………………… 126
グルコース …… 26,72,74,86,88	甲状腺刺激ホルモン ……… 82	酸性雨 ……………………… 146
グルタミン酸 ……………… 38	甲状腺ホルモン …………… 82	酸性霧 ……………………… 146
クロロフィル ……………… 24,134	降水量 ……………………… 108,120	酸素 ……… 24,26,62,64,110,142
系統 ………………………… 4	酵素 ………………… 20,24,26,38	酸素解離曲線 ……………… 64
系統樹 ……………………… 4	抗体 ………………………… 38,100,104	酸素ヘモグロビン ………… 62,64
血液 ………………………… 52,54	抗体産生細胞 ……………… 100	山地帯 ……………………… 122
血液凝固 …………………… 66,94	好中球 ……………………… 54,94	シアノバクテリア …… 6,28,134
血液凝固因子 ……………… 66	後天性免疫不全症候群 …… 102	シイ ………………………… 112
血液製剤 …………………… 104	高木層 ……………………… 108,112	紫外線 ……………………… 146
血管 ………………………… 56	硬葉樹林 …………………… 120	糸球体 ……………………… 72
血球 ………………………… 54	呼吸 ………………………… 18,26	自己 ………………………… 92,98
血しょう …………………… 54	呼吸速度 …………………… 110	自己免疫疾患 ……………… 102
血小板 ……………………… 54,66	コケ植物 …………………… 114,120	死細胞 ……………………… 94
血清 ………………………… 66	個体数ピラミッド ………… 128	視床下部 …………………… 78,82,88
血清療法 …………………… 104	骨髄 ………………………… 54,98	自然浄化 …………………… 142
血栓 ………………………… 66	コラーゲン ………………… 38,46	自然免疫 …………………… 92,94
血糖 ………………………… 70,86	混交林 ……………………… 116	シトシン …………………… 32,34,40
血糖濃度 …………………… 80,86,88	根粒菌 ……………………… 134	ジフテリア ………………… 104
血ぺい ……………………… 66		しぼり ……………………… 12
解毒作用 …………………… 70	**さ**	シャルガフ ………………… 34
ゲノム ……………………… 48	再吸収 ……………………… 72,74,80	種 …………………………… 4
原核細胞 …………………… 6	細菌 ………… 6,94,98,126,136,142	集合管 ……………………… 73
原核生物 …………………… 6,48	細尿管 ……………………… 72	樹状細胞 …………………… 94,98,100
減数分裂 …………………… 32,48	細胞 ………………………… 6,8	受精 ………………………… 32,48
原生生物 …………………… 142	細胞液 ……………………… 8	受精卵 ……………………… 33,46,48
原尿 ………………………… 72,74	細胞質 ……………………… 8	種の保存法 ………………… 150
顕微鏡 ……………………… 12	細胞質基質 ………………… 8	受容体 ……………………… 80
高エネルギーリン酸結合 … 18	細胞周期 …………………… 44,46	硝酸 ………………………… 146
交感神経 …………………… 78,88	細胞小器官 ………………… 8	硝酸イオン ………………… 134
好気性細菌 ………………… 28	細胞性免疫 ………………… 98	常染色体 …………………… 49

157

小腸 …………………… 60,70	生態系のバランス …… 140,142	脱窒 …………………… 134
焦点深度 ………………… 13	生態ピラミッド ………… 128	脱窒素細菌 …………… 134
消費者 ……… 126,128,132,136	生体防御 ………………… 92	暖温帯 ………………… 120
静脈 …………………… 56,60	成長ホルモン ………… 80,83	胆管 …………………… 70
静脈血 …………………… 60	正のフィードバック …… 83	単細胞生物 ……………… 6
照葉樹林 …………… 120,122	生物多様性 ………… 150,152	胆汁 …………………… 70
常緑広葉樹 …………… 120	生物的環境 …………… 126	炭素の循環 …………… 132
食細胞 ………………… 92,94	生物濃縮 ……………… 144	胆のう ………………… 70
食作用 ……………… 92,94,100	生物量 ………………… 128	タンパク質
植生 …………………… 108	生物量ピラミッド ……… 128	………… 20,38,44,74,100,134
触媒 …………………… 20	接眼ミクロメーター …… 14	タンパク質の合成 …… 40
植物食性動物 ………… 126	接眼レンズ ……………… 12	団粒構造 ……………… 108
植物プランクトン …… 142	赤血球 ………………… 54,62	地衣類 …………… 114,120
食物網 ……………… 128,140	絶滅危惧種 …………… 150	地球温暖化 …………… 144
食物連鎖 …………… 128,136	セルロース ……………… 8	地中海性気候 ………… 120
自律神経系 …………… 78,86	遷移 …………………… 114	窒素(N) …………… 134,142
腎う …………………… 73	先駆樹種 ……………… 116	窒素(N_2) …………… 134
進化 ……………………… 4	先駆植物 ……………… 114	窒素固定 ……………… 134
真核細胞 ……………… 6,28	染色体 ………………… 44	窒素酸化物 …………… 146
真核生物 ……………… 6,48	先天性免疫 ……………… 92	窒素同化 ……………… 134
神経系 ………………… 78	セントラルドグマ …… 40	地表層 …………… 108,112
神経分泌細胞 ………… 82	線溶 …………………… 66	チミン ………………… 32,34
腎細管 ………………… 72	相観 …………………… 108	着生植物 ……………… 120
心室 …………………… 56	臓器移植 ……………… 104	中枢 …………………… 78,82
腎静脈 ………………… 72	草原 ………… 108,114,116,120	チロキシン …………… 80,82
心臓 …………………… 56,60	相補的な関係 ………… 34,40	つる植物 ……………… 120
腎臓 …………………… 60,72	草本層 …………… 108,112	ツンドラ ……………… 120
心臓の自動性 ………… 56	藻類 …………………… 142	低血糖 ………………… 86,88
腎単位 ………………… 72	組織 ………………… 54,62,64	低木層 …………… 108,112
腎動脈 ………………… 72	組織液 ………………… 52,54	デオキシリボース …… 34
心房 …………………… 56		デオキシリボ核酸 …… 34
針葉樹林 …………… 120,122	**た**	適応免疫 ……………… 92
森林 …………………… 108,120	体液 …………………… 52,54	デトリタス …………… 151
森林限界 ……………… 122	体液性免疫 …………… 100	転写 …………………… 40
水銀 …………………… 144	体外環境 ………………… 52	デンプン ……………… 20,24
すい臓 ………………… 80,86,88	体細胞 ………………… 32	伝令RNA ……………… 40
垂直分布 ……………… 122	代謝 …………………… 18	同化 …………………… 18
水平分布 ……………… 122	体循環 ………………… 60	糖質コルチコイド …… 80,88
ステップ ……………… 120	大静脈 ………………… 60	糖尿病 ………………… 86
生産者 ……… 126,128,132,136	大動脈 ………………… 60	動物食性動物 ………… 126
生殖細胞 ……………… 48	体内環境 ……………… 52	洞房結節 ……………… 56
性染色体 ……………… 49	対物ミクロメーター …… 14	動脈 …………………… 56,60
生態系 ……… 126,136,142	対物レンズ ……………… 12	動脈血 ………………… 60
生態系サービス ……… 150	多細胞生物 ……………… 6	特異的 ………………… 92

特定外来生物 …………… 152
土壌 ………………… 108,114,152

な

内分泌系 ………………… 80,82
内分泌腺 ………………… 80
二酸化炭素
　…… 24,26,62,64,110,132,144,152
二酸化炭素吸収速度 ……… 110
二次応答 ……………… 98,100,104
二次消費者 ……………… 126,128
二次遷移 ………………… 114
二重らせん構造 …………… 34
尿 …………………………… 72,74
尿素 …………………… 70,72,74
尿道 ……………………… 72
ヌクレオチド ……………… 32,34
ヌクレオチド鎖 …………… 34
熱エネルギー ……………… 136
熱帯草原 ………………… 120
熱帯多雨林 …………… 120,150
ネフロン ………………… 72
ネンジュモ ……………… 6,134
粘膜 ……………………… 94
脳下垂体 ………………… 82
脳下垂体後葉 …………… 80,82
脳下垂体前葉 …………… 80,82,88

は

肺 ………………………… 60,62
バイオーム ……………… 120,122
配偶子 ………………… 32,46,48
排出管 …………………… 80
肺循環 …………………… 60
肺静脈 …………………… 60
肺動脈 …………………… 60
肺胞 ……………………… 62,64
ハイマツ ………………… 122
拍動 ……………………… 56,78
白内障 …………………… 146
破傷風 …………………… 104
バソプレシン …………… 80,82
白血球 …………… 54,92,98,100
発現 ……………………… 46

干潟 ……………………… 150
光エネルギー …………… 24,136
光-光合成曲線 …………… 110
光飽和 …………………… 110
光飽和点 ………………… 110
光補償点 ……………… 110,112
非自己 ………………… 92,94,98
ヒスタミン ……………… 103
ヒストン ………………… 44
非生物的環境 ……… 126,132,134
非特異的 ………………… 92
ヒト免疫不全ウイルス …… 102
皮膚 ……………………… 94
皮膚がん ………………… 146
肥満細胞 ………………… 103
標的器官 ………………… 80
標的細胞 ………………… 81
日和見感染 ……………… 102
ビリルビン ……………… 70
フィードバック ………… 82
フィブリン ……………… 66
風化 ……………………… 108
富栄養化 ………………… 142
復元力 …………………… 140
副交感神経 ……………… 78,88
副腎髄質 ………………… 80,88
副腎皮質 ………………… 80,88
副腎皮質刺激ホルモン …… 82,88
副腎皮質ホルモン ………… 82
複製 ……………………… 33,44
腐植 ……………………… 108
腐植質 …………………… 109
腐植層 …………………… 108
物理的防御 ……………… 94
負のフィードバック ……… 82
プランクトン …………… 142
プレパラート …………… 12
フロン ………………… 144,146
分化 ……………………… 46
分解者 ………………… 126,132,136
分裂期 …………………… 44
分裂準備期 ……………… 44
ペースメーカー ………… 56
ヘモグロビン … 38,46,54,62,64

ヘルパーT細胞
　……………… 98,100,102,105
防御機構 ………………… 92
ぼうこう ………………… 72,78
放出ホルモン …………… 82
ボーマンのう …………… 72
母岩 ……………………… 108
母細胞 …………………… 44
ホルモン ………………… 80,82
翻訳 ……………………… 40

ま

マクロファージ …… 94,98,100
マルターゼ ……………… 21
マルトース ……………… 21
マングローブ林 ……… 120,122
ミオシン ………………… 38,47
見かけの光合成速度 …… 110
ミクロメーター ………… 14
水の華 …………………… 142
ミトコンドリア …… 8,20,26,28
無機塩類 ………………… 142
娘細胞 …………………… 44
メタン …………………… 144
免疫 …………………… 92〜105
免疫記憶 ……………… 98,100
免疫グロブリン ………… 38,100
免疫不全 ………………… 102
毛細血管 …………… 56,62,72,82
毛細リンパ管 …………… 55
木本 ……………………… 116
門脈 ……………………… 70

や

焼畑農業 ………………… 152
有機窒素化合物 ………… 134
有機物 ………… 24,26,132,136
有性生殖 ………………… 48
優占種 …………………… 108
輸尿管 …………………… 72
陽樹 ……………………… 112
陽樹林 …………………… 116
陽生植物 ………………… 112
陽葉 ……………………… 112

葉緑体	8,20,24,28	立毛筋	78	リンパ節	55
予防接種	104	リボース	18,40	冷温帯	120
四次消費者	126	リボ核酸	40	レッドデータブック	150
		硫酸	146	レッドリスト	150
ら		リン	142	レボルバー	12
落葉広葉樹	120	林冠	108,112,116	ろ過	72,74
落葉落枝層	108	リン酸	18,34		
裸地	114	林床	108,112	**わ**	
ラムサール条約	150	リンパ液	52,54	ワクチン	104
ランゲルハンス島	80,86,88	リンパ管	54	ワシントン条約	150
リゾチーム	94	リンパ球	54,92,98,100	ワトソン	34

著者紹介

安田　明雄　YASUDA Akio

　1965年神奈川県に生まれる。1988年山形大学農学部農業工学科を卒業後，横浜高等学校教諭となり現在に至る。「ともに学び，みんなでわかる」を目指した授業を展開する。クモの行動や生活史に興味関心があり，日本蜘蛛学会やクモ研究の同好会に所属している。

　『シグマ基本問題集生物』（文英堂）に共同執筆者として参加，本書が初の単独著作。

図版	藤立　育弘
イラスト	よしのぶ　もとこ
本文レイアウト	FACTORY
DTP	株式会社加藤文明社

シグマベスト
高校やさしくわかりやすい生物基礎

著　者	安田明雄
発行者	益井英郎
印刷所	大日本印刷株式会社
発行所	株式会社　文英堂

〒601-8121　京都市南区上鳥羽大物町28
〒162-0832　東京都新宿区岩戸町17
（代表）03-3269-4231

本書の内容を無断で複写（コピー）・複製・転載することは，著作者および出版社の権利の侵害となり，著作権法違反となりますので，転載等を希望される場合は前もって小社あて許諾を求めてください。

©安田明雄　2015　　Printed in Japan　　●落丁・乱丁はおとりかえします。

高校 やさしくわかりやすい 生物基礎

解答集

文英堂

第1章 細胞と代謝

確認テスト 1 →問題 p.10・11

テストに出る用語を確認！

1
- [1] 種
- [2] 進化
- [3] DNA
- [4] ATP
- [5] すべての生物は共通の祖先から進化したから。

現在の地球上で確認されている生物についてこのようにいえるということです。もし例外が見つかれば、その生物の起源や他の生物との進化上の関わりなど新たな研究が行われることになります。

2
- [6] 細胞
- [7] 真核細胞
- [8] 原核細胞
- [9] 細胞膜
- [10] 真核細胞
- [11] 原核細胞
- [12] 1000 分の 1

真核細胞でできた生物を**真核生物**、原核細胞からなる生物を**原核生物**といいます。

ミリ、マイクロやキロなどの単位は3桁ごとの区切り。

3
- [13] 細胞質
- [14] 細胞小器官
- [15] ミトコンドリア
- [16] 葉緑体

テストに出る図を確認！

1
- [1] 原核(生物)
- [2] 核(核膜)
- [3] 真核(生物)
- [4] 単細胞(生物)
- [5] 多細胞(生物)

2
- [6] 細胞壁
- [7] 細胞膜
- [8] DNA
- [9] 細胞質基質
- [10] 細胞膜
- [11] 細胞質基質
- [12] 核
- [13] ミトコンドリア
- [14] 細胞壁
- [15] 液胞
- [16] 葉緑体

糸状の非常に長い物質で、約3μmの大腸菌は約1.6mmもの長さのDNAをもっています。

粒状の構造。植物細胞に特有。

確認テスト 2 →問題 p.16・17

テストに出る用語を確認！

1
- [1] 鏡台
- [2] 接眼レンズ
- [3] 400 倍 ← 10 × 40 = 400。
- [4] プレパラート
- [5] 低倍率
- [6] 対物レンズとプレパラートが接触し破損するのを防ぐため。
- [7] しぼり
- [8] 凹面鏡
- [9] 凹面鏡は平面鏡よりも多くの光を集めるため、視野が暗くなる高倍率で用いる。

2
- [10] 接眼ミクロメーター
- [11] 接眼レンズ内
- [12] ステージ上

13 10（μm）

14 2点が離れているほど誤差が小さくなるから。

> 離れるほど数える目盛りの数が多くなります。対物ミクロメーターと接眼ミクロメーターの目盛りが一致していると思った目盛りが少しずれていたとしても，その誤差が20目盛り数えた場合なら10目盛り数えた場合の半分の影響ですみます。

テストに出る図を確認！

1
1 接眼レンズ
2 鏡筒
3 アーム
4 レボルバー
5 対物レンズ
6 ステージ
7 しぼり
8 反射鏡
9 調節ねじ

2
10 16（μm）

$$\frac{8目盛り \times 10\mu m}{5目盛り} = 16\mu m$$

11 160（μm）

$16\mu m \times 10目盛り = 160\mu m$

確認テスト 3 →問題 p.22・23

テストに出る用語を確認！

1
1 代謝
2 同化
3 異化
4 同化 ←「エネルギーを吸収する」＝外からエネルギーを加える必要があるということ。
5 異化
6 化学エネルギー
7 呼吸
8 ATP
9 ADPとリン酸
10 高エネルギーリン酸結合

2
11 触媒
12 酵素
13 タンパク質 ←「反応」でもよい。
14 作用する相手が決まっている性質

> だ液中のアミラーゼは，デンプンを分解しますがタンパク質には作用しません。

15 葉緑体
16 消化酵素

テストに出る図を確認！

1
1 同化
2 吸収
3 異化
4 放出

2
5 アデニン
6 リボース
7 リン酸
8 アデノシン
9 高エネルギーリン酸（結合）
10 ADP（アデノシン二リン酸）
11 リン酸

3
12 アミラーゼ ← アミロースを分解。
13 マルターゼ ← マルトースを分解。
14 グルコース ← ブドウ糖ともいう。

確認テスト 4 →問題 p.30・31

テストに出る用語を確認！

1
- 1 光合成
- 2 葉緑体
- 3 クロロフィル
- 4 酸素
- 5 ATP

2
- 6 呼吸
- 7 グルコース
- 8 ミトコンドリア
- 9 有機物が酸素と反応し二酸化炭素と水に分解される。
- 10 呼吸は酵素を使ってゆっくりと分解が進む。燃焼は激しく一気に反応が進む。

 ← 呼吸は段階的に反応が進むことで効率よくエネルギーを取り出します（利用できずに放出してしまうエネルギーが少ない）。

- 11 ATPを合成する過程があること。

 ← 光合成において光エネルギーはまずATPの合成に使われます。

3
- 12 好気性細菌
- 13 シアノバクテリア
- 14 共生説（細胞内共生説）

2
- 7 酸素（O_2）
- 8, 9 二酸化炭素（CO_2），水（H_2O）（順不同）
- 10 ATP
- 11 ADP

3
- 12 好気性細菌
- 13 シアノバクテリア

テストに出る図を確認！

1
- 1 光（エネルギー）
- 2 ATP
- 3 二酸化炭素（CO_2）
- 4 水（H_2O）
- 5 化学（エネルギー）
- 6 酸素（O_2）

第2章　DNA の働き

確認テスト 5　→問題 p.36・37

テストに出る用語を確認！

1.
   1. DNA（デオキシリボ核酸）
   2. 核（の中）
   3. 細胞質基質
   4. ヌクレオチド
   5. ヌクレオチドの4種類の塩基の配列順序
   6. A（アデニン），T（チミン），G（グアニン），C（シトシン）

2.
   7. リン酸
   8. デオキシリボース
   9. 二重らせん構造
   10. ワトソンとクリック
   11. 水素結合
   12. 相補的な関係
   13. チミン
   14. DNA に含まれる A と T，G と C の割合がそれぞれ等しい。

テストに出る図を確認！

1.
   1. ヌクレオチド
   2. リン酸
   3. デオキシリボース
   4. 塩基
   5. チミン
   6. グアニン
   7. シトシン
   8. T
   9. G
   10. C
   11. A
   12. 二重らせん（構造）

2.
   13. 30（%）　← T の割合は A の割合と同じ。
   14. 20（%）　← G の割合は C の割合と同じ。
   15. 24（%）
   16. 26（%）　G,C の割合は
   17. 26（%）　（50−A の割合）〔%〕で求められる。

確認テスト 6　→問題 p.42・43

テストに出る用語を確認！

1.
   1. タンパク質
   2. アミノ酸
   3. 20 種類
   4. 塩基配列

2.
   5. リボース
   6. アデニン，ウラシル，グアニン，シトシン
      アルファベット1文字で表す名称は A（アデニン），U（ウラシル），G（グアニン），C（シトシン）
   7. DNA は二重らせん構造，RNA は1本鎖
   8. 転写
   9. ウラシル　DNA でアデニンと相補的なのはチミン。RNA でこれに相当するのがウラシル。
   10. CACUGU
   11. 翻訳　G → C／T → A／A → U／C → G
   12. 3 個
   13. セントラルドグマ

5

テストに出る図を確認！

1
1 2(本鎖) ← 二重らせん構造
2 1(本鎖)
3 デオキシリボース
4 リボース
5 T チミン
6 U ウラシル

2
7 転写
8 翻訳
9 アミノ酸(配列)
10 GCA
11 TTA ← 右のCGUがDNAの下の列を鋳型鎖にしていることがわかる。
12 GAA
13 AAU
14 セントラルドグマ

確認テスト 7 →問題 p.50・51

テストに出る用語を確認！

1
1 タンパク質(ヒストン)
2 染色体
3 細胞周期
4 DNA合成期(S期)
5 分裂前にDNAがまったく同じ2分子に複製されており，これが2つの娘細胞に均等に分配されるから。

2
6 まったく同じ
7 分化
8 (遺伝情報の)発現
9 細胞ごとに全遺伝情報の中から選択された特定の部分が発現しているため。

3
10 ゲノム
11 塩基対(の数)
12 体細胞はゲノムを2セットもつのに対し，配偶子がもつゲノムは1セットである。 ← 配偶子(卵や精子)は1個の細胞。

テストに出る図を確認！

1
1 DNA
2 ヒストン

2
3 DNA合成準備(期) ← G_1期ともいう。
4 DNA合成(期) ← S期ともいう。
5 分裂準備(期) ← G_2期ともいう。
6 間(期)
7 分裂(期) ← M期とも。
8 娘(細胞)

3
9 1(セット)
10 23(本)
11 1(セット)
12 23(本) } ← 配偶子のゲノム，染色体数は体細胞の半分。
13 2(セット)
14 46(本) } ← 受精によってできた子のからだの細胞(体細胞)のゲノムと染色体数は親の体細胞と同じになります。

第3章　生物の体内環境の維持

確認テスト 8　→問題 p.58・59

テストに出る用語を確認！

1
- 1 体液
- 2 血液, 組織液, リンパ液
- 3 恒常性

2
- 4 血しょう
- 5 組織液
- 6 組織液
- 7 赤血球
- 8 ヘモグロビン
- 9 白血球
- 10 血小板

血しょうが組織液になったり, 血管内に戻ったり, リンパ液になったりします。リンパ液も最終的に静脈とつながって血液に戻ります。

3
- 11 ペースメーカー
- 12 心房 ← 右心房と左心房
- 13 心室 ← 右心室と左心室
- 14 弁
- 15 毛細血管

医療機器でもペースメーカーはありますが, それは心臓に備わっているペースメーカーのかわりをするものです。

テストに出る図を確認！

1
- 1 血液
- 2 組織液
- 3 リンパ管

2
- 4 血しょう
- 5 赤血球
- 6 ヘモグロビン
- 7 酸素
- 8 白血球
- 9 血小板

3
- 10 右心房
- 11 右心室
- 12 左心房
- 13 左心室 ← 大動脈は左心室から出ます。

確認テスト 9　→問題 p.68・69

テストに出る用語を確認！

1
- 1 動脈血
- 2 静脈血
- 3 肺循環（はいじゅんかん）
- 4 体循環（たい）
- 5 静脈血
- 6 大動脈
- 7 右心房

肺動脈はこれから酸素を受け取りに行く血液が流れています。肺静脈には動脈血が流れます。

その他右心室と肺動脈, 左心房と肺静脈がつながっています。

2
- 8 鮮やかな赤色（鮮紅色）（あざ）

酸素と結合していないヘモグロビンは暗い赤色（暗赤色）。

- 9 低いとき

酸素濃度はもちろん高いところでヘモグロビンと酸素が結合しやすいのですが, 二酸化炭素濃度については低い所でヘモグロビンと酸素が結合しやすく, 高い所で離れやすいので注意。「肺胞で結合しやすく, 組織で酸素を離しやすい」としっかり覚えましょう。

3
- 10 酸素解離曲線
- 11 S字形 ← S字を右上に引き伸ばしたような形。

4
- 12 血小板
- 13 フィブリン
- 14 血ぺい（けっ）
- 15 血清 ← 血しょうからフィブリンをつくる成分が除かれたもの。

テストに出る図を確認！

1 1 高(い)
2 酸素ヘモグロビン
3 肺(循環)
4 体(循環)
5 静脈(血)
6 動脈(血)
7 低(い)

※ 肺に流れ込む血液は酸素の少ない静脈血。

2 8 85(%)
9 20(%)

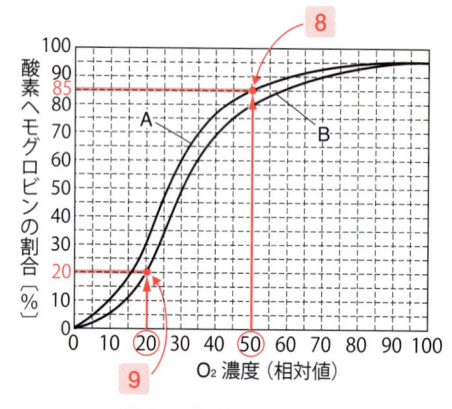

※ CO_2 濃度が 40 なので A のグラフを読む。

A…CO_2 濃度 40 (相対値)
B…CO_2 濃度 60 (相対値)

3 10 血小板
11 フィブリン
12 血ぺい

確認テスト 10 →問題 p.76・77

テストに出る用語を確認！

1 1 肝臓
2 肝門脈
3 グリコーゲン
4 尿素
5 解毒作用
6 胆汁
7 胆管

※ 尿素を排出するのは腎臓ですが、尿素をつくる(有毒のアンモニアを尿素に変える)のは肝臓です。

※ 肝臓でつくられますが、胆のうにためられて放出されることから、胆汁とよばれ、胆汁が通る管ということで胆管とよばれます。

2 8 腎臓
9 ネフロン(腎単位)
10 腎小体
11 原尿
12 輸尿管

3 13 腎小体でろ過されないため。
14 グルコースはすべて細尿管で毛細血管に再吸収されるため。

テストに出る図を確認！

1 1 胆のう
2 胆管
3 肝門脈

※ 肝臓でつくられた胆汁が胆のうでためられ、胆管を通って十二指腸に放出されます。

2 4 糸球体
5 ボーマンのう
6 細尿管(腎細管)
7
8 } タンパク質, 血球(順不同)

9 原尿
10 尿
11 グルコース
12 ナトリウムイオン
13 尿素

確認テスト 11 →問題 p.84・85

テストに出る用語を確認！

1 1 自律神経系
  2 間脳の視床下部
  3 交感神経 ｝ 交感神経と副交感神経は拮抗的に働き体内環境を調節します。
  4 副交感神経
  5 促進する
  6 胃や腸のぜん動運動

リラックス時（副交感神経が働く）には，からだにエネルギーをため込む働きが促進されます。ひとみの拡大は光（視覚情報）を多く取り入れようとする興奮時の反応で，交感神経が働きます。

2 7 内分泌腺
  8 血液中
  9 外分泌腺 ← 排出管の有無が外分泌腺と内分泌腺の大きな違い。
  10 標的器官
  11 受容体
3 12 間脳の視床下部
  13 神経分泌細胞
  14 放出ホルモン
  15 チロキシン
  16 フィードバック

テストに出る図を確認！

1 1 交感(神経) ← 心臓の拍動を促進。
  2 副交感(神経) ← 心臓の拍動を抑制。
  3 間脳の視床下部
  4 抑制
  5 促進
  6 収縮
2 7 甲状腺
  8 副腎髄質
  9 副腎皮質
  10 (すい臓の)ランゲルハンス島
3 11 間脳の視床下部
  12 脳下垂体前葉
  13 甲状腺
  14 (負の)フィードバック

確認テスト 12 →問題 p.90・91

テストに出る用語を確認！

1 1 グルコース
  2 100mg ← 0.1％に相当。
  3 糖尿病
  4 グリコーゲン
  5 視床下部
  6 インスリン
  7 グルカゴン

2 8 副交感神経 ← 血糖濃度を下げる。
9 ランゲルハンス島B細胞
10 血液中のグルコースをもとにグリコーゲンが合成され肝臓に貯蔵される。（または，全身の細胞が血液中のグルコースを取り込んで消費する）
11 交感神経 ← 血糖濃度を上げる。
12 ランゲルハンス島A細胞
13 アドレナリン
14 肝臓中のグリコーゲンをグルコースに分解し，血液中に放出する。
15 糖質コルチコイド

テストに出る図を確認！

1 1 グルカゴン
2 インスリン
インスリンは血糖濃度が上がるとすぐ分泌されて血糖濃度を下げるよう働きます。グルカゴンはその逆です。
2 3 副交感（神経）
4 交感（神経）
5 B（細胞）
6 インスリン
7 グリコーゲン
8 A（細胞）
9 グルカゴン
10 脳下垂体前葉
11 （副腎）髄質
12 （副腎）皮質
13 アドレナリン
14 糖質コルチコイド

確認テスト 13　→問題 p.96・97

テストに出る用語を確認！

1 1 生体防御
2 非自己
3 免疫
4 食細胞
5 自然免疫
6 獲得免疫
7 自然免疫
8 獲得免疫
9 自然免疫
2 10 角質層
11 酸
12 リゾチーム
13 食作用

生体防御の第1段階である侵入阻止は相手を区別せず働き，第2段階である**自然免疫**は自己と非自己を区別して非自己に働き，第3段階である**獲得免疫**は非自己のなかの特定の異物（抗原）に対して特異的に働きます。

テストに出る図を確認！

1 1 物理（的防御）
2 食（細胞）
3 食（作用）
4 獲得（免疫）
5 リンパ球
2 6 自然（免疫）
7 マクロファージ
マクロファージと樹状細胞は同じ働きをするとセットで覚えておきましょう。

10

確認テスト 14 →問題 p.106・107

テストに出る用語を確認!

1.
   1. 骨髄
   2. T細胞とB細胞
   3. 抗原
   4. ヘルパーT細胞
   5. 細胞性免疫
2.
   6. 体液性免疫 ←「抗体が働く免疫が**体液性免疫**」と覚えればOK。
   7. B細胞
   8. 免疫グロブリン
   9. 抗原抗体反応 ← 抗体が抗原に結合した複合体は食細胞に認識されやすくなり排除されます。
3.
   10. 日和見感染
   11. アレルギー
   12. 自己免疫疾患
4.
   13. ワクチン
   14. 血清療法
   15. 拒絶反応

テストに出る図を確認!

1.
   1. 食(作用)
   2. ヘルパーT(細胞)
   3. B(細胞)
   4. キラーT(細胞)
   5. 抗体産生(細胞)
   6. 抗体
   7. 抗原抗体(反応)
   8. 細胞性(免疫)
   9. 体液性(免疫)
   10. 記憶(細胞)
2.
   11. ア

第4章　生物の多様性と生態系

確認テスト 15　→問題 p.118・119

テストに出る用語を確認！

1
1. 植生 ←「占」の字に注意。間違えないこと。
2. 優占種
3. 林床（りんしょう）

2
4. 呼吸（速度） ←「ほしょう」という読みの熟語は他にもあるので注意。ここではこの画数の多い漢字で。
5. 光補償点
6. 光飽和 ← 光飽和に達する光の強さが光飽和点。

3
7. 陰生植物
8. 陽生植物

陰生植物の性質をもつ樹木を**陰樹**，陽生植物の性質をもつ樹木を**陽樹**といいます。

4
9. 遷移（せんい）
10. 土壌（どじょう）が既に形成されており，植物の種子や地下茎などが残っているため。
11. 先駆植物（せんく）

先駆植物は，乾燥に強く，種子を風や鳥などによって遠くに運ぶ（遠くから侵入する）ことができるという特徴をもっています。

12. 陽樹林の林床が陽樹の光補償点より暗く陰樹の光補償点より明るいため。

植物の生育には光補償点より強い光が必要です。

13. 極相 ← 日本ではカシやシイなどの**陰樹林**になります。

テストに出る図を確認！

1
1. 二酸化炭素（CO_2）
2. 光補償点
3. 光飽和点
4. 呼吸速度

5. 見かけの光合成速度
6. 光合成速度

2
7. 陽生（植物） ←「生」の字を間違えないよう注意。
8. 陰生（植物）

3
9. 地衣（類）（ちい） ← コケのような，菌類と藻類（植物より簡単なからだをした光合成生物）の共生体。
10. 低木（林）
11. 陽樹（林）
12. 混交（林）
13. 陰樹（林）
14. 極相（クライマックス）

確認テスト 16　→問題 p.124・125

テストに出る用語を確認！

1
1. バイオーム
2. 熱帯多雨林
3. サバンナ
4. ステップ
5. ツンドラ
6. 熱帯多雨林，雨緑樹林，サバンナ，砂漠

雨緑樹林は「雨季に葉をつけて緑色になる森林」。

7. 熱帯多雨林，亜熱帯多雨林，照葉樹林，夏緑樹林，針葉樹林

照葉樹林は常緑の「照り（光沢）がある葉をつける木の森林」。**夏緑樹林**は「夏に緑で，秋に紅葉・落葉する森林」。

2
8. 森林が成立するために十分な降水量があるため。
9. 水平分布
10. 亜熱帯多雨林，照葉樹林，夏緑樹林，針葉樹林

- 11 照葉樹林
- 12 夏緑樹林
- 13 垂直分布
- 14 森林限界

テストに出る図を確認！

1
- 1 針葉樹林
- 2 夏緑樹林
- 3 照葉樹林
- 4 雨緑樹林
- 5 硬葉樹林
- 6 ステップ
- 7 サバンナ
- 8 ツンドラ
- 9 砂漠

図の一番下に**荒原**、その上に**草原**が並ぶ。

2
- 10 水平(分布)
- 11 針葉樹(林)
- 12 夏緑樹(林)
- 13 照葉樹(林)
- 14 亜熱帯多雨(林)
- 15 垂直(分布)
- 16 森林限界
- 17 高山(帯) ← **高山植物**が分布。
- 18 亜高山(帯) ← **針葉樹林**が形成。
- 19 山地(帯) ← **夏緑樹林**が形成。
- 20 丘陵(帯) ← **照葉樹林**が形成。

確認テスト 17 →問題 p.130・131

テストに出る用語を確認！

1
- 1 生態系
- 2 作用
- 3 環境形成作用

作用と**環境形成作用**は対の関係。

- 4 生産者
- 5 消費者
- 6 分解者

生産者・消費者・分解者の3者は非常に重要なので必ず覚えましょう。

2
- 7 一次消費者
- 8 食物連鎖
- 9 食物網
- 10 栄養段階
- 11 生態ピラミッド
- 12 生物量ピラミッド
- 13 個体数ピラミッド

一次消費者を食べる動物食性動物が**二次消費者**。

テストに出る図を確認！

1
- 1 非生物的環境
- 2 作用
- 3 環境形成作用
- 4 生産者
- 5 消費者
- 6 分解者

2
- 7 (生態)ピラミッド
- 8 三次消費者
- 9 二次消費者
- 10 一次消費者
- 11 生産者
- 12 食物連鎖
- 13 食物網

確認テスト 18 →問題 p.138・139

テストに出る用語を確認！

1.
   1. 二酸化炭素
   2. 光合成
   3. 呼吸
   4. 生産者が合成した有機物を直接あるいは間接的に摂食して体内に取り込む。

2.
   5. 炭水化物と脂肪 — 炭水化物は炭素（C）と水（H_2O）の化合物と書くように，C，H，O の 3 元素からなります。
   6. 窒素同化
   7. 窒素固定
   8. 根粒菌 — ダイズやレンゲソウなどマメ科植物は根粒菌と共生するので土壌中の窒素が乏しい土地でもよく育ちます。
   9. 脱窒
   10. 脱窒素細菌

3.
   11. 化学エネルギー
   12. ATP
   13. 熱エネルギー
   14. 炭素や窒素は生態系の中を循環するが，エネルギーは循環せず生態系外に出て行く。

テストに出る図を確認！

1.
   1. 光（エネルギー）
   2. 熱（エネルギー）
   3. 化学（エネルギー）
   4. 光合成
   5. 呼吸

2.
   6. 窒素固定
   7. 窒素同化
   8. 脱窒
   9. 脱窒素（細菌）
   10. 硝化（菌）

確認テスト 19 →問題 p.148・149

テストに出る用語を確認！

1.
   1. 復元力
   2. キーストーン種

2.
   3. 自然浄化
   4. 富栄養化
   5. 水の華（アオコ） — アオコは，水の華を発生させる代表的なプランクトン（シアノバクテリアの一種）の別名としても使われます。また，水の華と同様にプランクトンの異常発生が海で起こり水面の色が変わる現象が赤潮です。

3.
   6. 生物濃縮
   7. 高次消費者ほど物質が体内に高濃度で蓄積される。
   8. 温室効果ガス
   9. 二酸化炭素 — 温室効果ガスは他にメタン，フロンなどがあります。
   10. 化石燃料

4.
   11. フロン
   12. オゾンホール
   13. 紫外線
   14. 窒素酸化物，硫黄酸化物

テストに出る図を確認！

1.
   1. 窒素
   2. 富栄養化
   3. 二酸化炭素（CO_2）
   4. 温暖化
   5. 硫黄酸化物
   6. 酸性雨
   7. 生物濃縮
   8. フロン

9 オゾン層
10 紫外線

11 望ましくない。
　長い年月をかけて形成されたその地域固有の遺伝的特徴が失われてしまいます。
12 過度の伐採と焼畑(農業)

確認テスト 20 →問題 p.154・155

テストに出る用語を確認！

1 ① 干潟
　② 里山
　　たとえば里山の森林では，薪や木炭を得るため樹木の伐採や下草刈りを継続的に行うことで，遷移が進まず雑木林(陽樹林)が維持されています。
　③ 絶滅危惧種
　④ レッドリスト
　⑤ ワシントン条約
　　正式名称は，「絶滅のおそれのある野生動植物の種の国際取引に関する条約」
　⑥ 種の保存法
　　正式名称は，「絶滅のおそれのある野生動植物の種の保存に関する法律」

2 ⑦ 外来生物
　⑧ 在来生物(在来種)
　⑨ 特定外来生物
　　外来生物法によって指定される特定外来生物のほか，生態系に大きな影響を与える外来生物について**侵略的外来生物**というよび方もあります。
　⑩ 在来の小形魚類や稚魚，卵，水生昆虫や甲殻類などを捕食し個体数を著しく減少させる。
　　外来生物が在来生物に大きな影響を与えるのは直接的な捕食のほか**繁殖力の強さ**も大きな要因です（生活場所や食物などの生活資源を奪う）。

テストに出る図を確認！

1 ① ワシントン(条約)
　② 種の保存(法)
　③ レッド(リスト)
　④ レッドデータ(ブック)
　⑤ 外来(生物)
　⑥ 外来生物(法)
　⑦ 特定外来(生物)
　⑧ 焼畑(農業)
　⑨ 浄化

B